U0042847

他們知道了什麼、
怎麼知道的，
他們用知識做什麼

科學

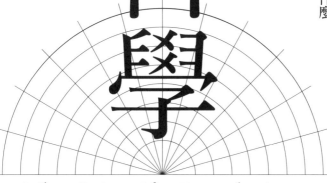

The Scientific Revolution

Steven Shapin
史蒂文·謝平

革命

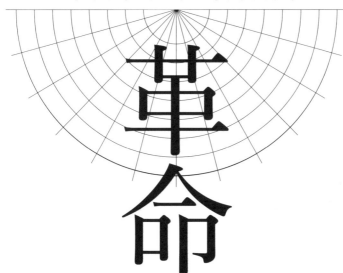

林巧玲、許宏彬——譯

獻給艾碧

目　次

歷史上沒有科學革命這回事？

陳恒安｜成功大學歷史學系副教授

　　身處資訊社會的我們，想知道些什麼新觀念，大多使用搜尋引擎。好吧，是否能讓我們試試，找找「科學革命」是怎麼回事？使用google搜尋，跳出來的第一筆資料便是維基百科的詞條，第一段寫道：

　　科學革命（英語：Scientific revolution），指近世歷史上，現代科學在歐洲萌芽的這段時期。在那段時期中，數學、物理學、天文學、生物學（包括人體解剖學）與化學等學科皆出現突破性的進步，這些知識改變了人類對於自然的眼界及心態。

　　聽來熟悉且似乎理所當然的「科學革命」，其實是新觀念。1939年，法國哲學家與歷史學家夸黑首次提出「科學革命」一

詞，描述歐洲自希臘時代以來人類心靈所承受過最深遠的革命。十年後，英國歷史學家巴特菲爾德也認同「科學革命」是基督教興起之後，歐洲歷史上最重要的事件。關於科學革命的內容細節與影響程度，學界或許見解不同，不過對使用「科學革命」這個概念並沒有太大異議。直到1996年，本書作者謝平突然告訴我們，歷史上沒有科學革命這回事。沒這回事！這究竟怎麼回事？

誰是史蒂文・謝平？

　　謝平自2004年起任教於美國哈佛大學科學史系，之前他曾在不同學校擔任社會學系或科學史系教授。謝平在取得科學史與科學社會學博士之前的專業是生物學，特別是遺傳學研究。謝平是位具有歷史意識的社會學者，也是位具有社會學意識的歷史學者，被視為「科學知識社會學」（the sociology of scientific knowledge, SSK）的重要旗手之一。

　　什麼是SSK呢？1980年代興起的SSK將科學理解為社會活動，強調以政治、經濟、社會、文化、宗教因素，來解釋科學活動與知識。不過批評者則擔心，以外部因素解釋科學知識，無法觸及科學方法與知識的核心，甚至促成大眾同情並支持科學的「相對主義」。其實SSK的目的不在反科學，而是企圖解釋，為何

在特定歷史社會脈絡，某些科學解釋與實踐，會被視為比另一些「好」，進而被接受（同理，不被接受也須以同類型因素解釋）。

謝平最有名的著作就是與賽門・夏佛（Simon Schaffer）合著，於1985年出版的《利維坦與空氣泵浦：霍布斯、波以耳與實驗生活》（中譯本：行人，2006）。此書於2005年獲得由荷蘭頒發，表揚對歐洲社會文化貢獻卓著的年度大獎，「伊拉斯莫斯」（Erasmus Prize）。至於《科學革命》這本小書目前也已被翻譯成十四國語言，影響深遠。

《科學革命》憑什麼說沒科學革命這回事？

謝平謙稱本書並非原創性學術著作，而是整合許多研究的成果。其實，我們或許可以把《科學革命》看成謝平對當代科學史學術寫作的反省，更是普及科學史學術研究成果的嘗試。為了吸引讀者目光，謝平劇力萬鈞地宣告：「歷史上沒有科學革命（The Scientific Revolution）這回事。這本書想討論的正是這個命題。」

他逐次討論 The Scientific Revolution 三字的意涵，說明為什麼可以宣稱沒這回事。首先，謝平分析 the 這個定冠詞。英文定冠詞指涉特定對象，所以 **The** Scientific Revolution 代表存在唯一的歷史事件。不過如果十七世紀這段歷史是唯一的科學革命，那

麼近代「化學革命」或「達爾文革命」的說法又是怎麼回事？其次，science/scientific 的意義也模糊不清。究竟什麼才算科學？在無法描述或定義科學時，如何決定科學史討論的對象？最後，「革命」一詞戲劇張力十足。試問，十七世紀種種「新」觀點或「新」方法，果真都與之前的歷史無關嗎？新東西裡都不含傳統成分嗎？歷史究竟是連續，還是充滿斷裂，甚至出現革命？充滿問題的三個字是否能代表十七世紀這段時期？謝平採用非常簡單的 what-how-what for 結構，來告訴讀者他心目中的故事。

第一章「他們知道了什麼」（What was known）開宗明義，介紹十七世紀西歐的重要科學成就。例如，哥白尼以太陽為中心的宇宙體系、波以耳與笛卡兒的機械哲學、牛頓以數學理解自然現象的成就，以及真空、顯微鏡、望遠鏡等新儀器的使用。

第二章「他們怎麼知道的」（How was it known）討論上述介紹的知識如何獲得？過去普遍認為十七世紀自然研究者擺脫傳統權威，強調觀察與經驗。不過，謝平在此質疑傳統史學的詮釋。他甚至懷疑只強調科學方法與客觀性的解釋，是否有助我們理解十七世紀的歷史。在第二章中，謝平發揮科學知識社會學分析歷史的特色，以他最擅長的波以耳以及英國皇家學會作為主要案例，探討「科學事實」如何在複雜的社會過程中取得正當性。換句話說，他要強調的是，沒有社會就沒有「事實」，即使是「科學事實」。

第三章「他們用知識作什麼」（What was the knowledge for）嘗試提出動機，希望能解釋第二章所描述的科學事業何以發生。謝平認為應該從科學、宗教以及國家力量的複雜關係，來理解十七世紀追求科學知識的動機與條件。

雖然謝平拒絕將科學視為中立科學家純粹追求真理的事業，不過仍然認為科學是人類關於自然世界最可靠的知識。只不過謝平主張的現代世界宇宙觀，比較像是演化而來。他強調從社會、文化、宗教、政治的角度，來描述科學活動的進程與活動所生產的成果。

如何使用《科學革命》這本書？

對科學革命這段歷史有興趣的讀者大可隨意翻閱。儘管篇幅有限，許多細節無法交代，不過《科學革命》仍然提供了探討十七世紀科學史需要認識的基本人物與素材。讀者可以讀到許多科學傳記主角的工作與想法，例如哥白尼、培根、伽利略、克卜勒、笛卡兒與牛頓；以及或許沒那麼熟稔的波以耳、霍布斯與巴斯卡等。其次，讀者可概略掌握十七世紀的機械宇宙觀、各種實驗概念與儀器的使用，以及自然知識去人化與數學化的特色。最後還可領略企圖運用科學知識達成倫理、社會與政治目的的時代

氣氛。如果意猶未盡，想進一步掌握相關學術文獻的朋友可留意本書最後的參考文獻。謝平為讀者整理了詳盡的文獻資料，並貼心撰寫簡單使用說明。

如果讀者閱讀此書，除了歷史細節之外，對作者的思考方式感到好奇，而有興趣進一步領略、學習、甚至挑戰的話，那麼筆者過去的一些經驗或許可以與讀者分享。首先，我想為了掌握謝平戲劇性的宣言，讀者仍需簡單理解傳統史學對科學革命的描述。其次，讀者必須抓住謝平的理論進路。舉例來說，十六世紀就已經有了儀器，而且大多是裸眼就能使用的工具，但十七世紀的新儀器卻能產生沒有儀器就無法經驗的現象，望遠鏡、顯微鏡與空氣泵浦都具有這種功能。在沒有儀器便無法重複與親自體驗的情況下，別人要怎麼相信你所描述的現象？因此，如何製造事實、爭取他人認同就成了一種社會活動。謝平的進路也就由此展開。

當然，除了以科學知識社會學的歷史分析方法，重新詮釋科學革命這段歷史，讀者還可以外延思考許多議題。首先，對如何以文字據理說明感興趣的讀者，請留意本書大綱以及文字論證邏輯，看看謝平如何用文字敘述，來支持「沒有科學革命這回事」這個命題。對習慣提出個人主張而不熟悉論證的讀者而言，本書的結構、論證推理、文字鋪陳都值得再三琢磨。其次，讀者或

科學革命

The Scientific Revolution

許也可以藉此書所呈現的問題意識,思考當代議題。《科學革命》提到科學家都是西歐中產階級男性,其實就可以聯繫到當代的性別與多元文化議題;多元文化觀點則可以結合比較歷史學,簡單比較中西宇宙觀、自然觀與身體觀。

另外,值得一提的是,許多接觸西方科學革命議題的朋友都很容易聯想到「科學革命為什麼沒有發生在中國?」這個經典的「李約瑟難題」。其實,許多學者都認為這個問題應該轉成「為何科學革命只發生在歐洲?」如果真是這樣,那麼謝平的書就變成回答這個問題的最佳答案之一了。當然,中國的問題,或許就得變成探討中國的自然知識。不過,這就需要另外的研究,並不是這本書的守備範圍。

總之,《科學革命》篇幅短小、故事緊湊、具有外延性,筆者認為,不論是淺嚐,或者藉此作為大餐的前菜,這本小書都值得向好友推薦!

致謝詞

ACKNOWLEDGEMENTS

　　本書不是原創性的學術作品，而是由我集合各家說法的綜合性著作。過去十年或十五年來已累積許多有關「科學革命」的歷史研究，因此雖然這本書的目的是呈現對科學革命的最新詮釋，但仍相當倚重各家學者多年累積的成果。我非常感謝諸位歷史學者讓我自由地借用他們的成就，並把他們的著作和論文放在本書最後的參考文獻裡。毫無疑問，這本書的作者不只有我一個，還有他們。但我必須承認，我用我的方式詮釋了他們的作品，用我的方式組織他們互異的發現和說法，而這都反映了我個人的觀點，我也自然必須對此負起全部責任。

　　為了將這本書的內容有效地傳達給一般讀者，並考慮到閱讀的順暢，我決定不依照過去專家間交流的慣習，拿掉正文間大量的二手資料引註。至於當代學者的部分，只要我發現有人看待事物的方式具解釋力或發人深省，或其說法達到某種類似「專利」一般的地位時，就會引用他的作品。

　　我的目的是寫本可在教學時方便使用的小冊，因此多年來，

致謝詞

Acknowledgements

我試著把這本書的不同版本給我的學生們試用，特別是70、80年代，在愛丁堡大學被我教授科學史的學生。他們直接或間接地提供我意見，告訴我這樣的寫作是否具可讀性，以及我是否把事情說的夠清楚。為此我深懷謝意。

我非常幸運，擁有許多學術上的同事和朋友。他們不斷告訴我這本書將會多麼實用，鼓勵我度過某些寫作過程中的瓶頸，有些人甚至讀過先前的版本，針對內容、結構和呈現方式提出相當有價值的建議，特別是彼得‧的耳（Peter Dear）和賽門‧夏佛（Simon Schaffer）。瞭解他們研究的人，應該不至於把這本書可能仍會存在的缺失算到他們頭上。兩位芝加哥大學出版社的匿名人士寫了非常具建設性且詳盡的報告，而這已經超出他們的職責所在。另外，感謝寶拉‧芬德蘭（Paula Findlen）、卡爾‧哈夫包爾（Karl Hufbauer）、克莉斯汀‧盧格瑞（Christine Ruggere）、賽門‧夏佛、黛博拉‧華納（Deborah Warner）幫忙安排內頁插圖。同時我還要感謝芝加哥大學出版社的資深文字編輯愛麗絲‧班奈特（Alice Bennett），她的費心編審使得我的文字更加清楚而簡練。最終要謝謝我的編輯，蘇珊‧亞布拉姆斯（Susan Abrams），即使她已如此知名、受人敬重，但仍自始至終地支持我，給我意見。

導論
INTRODUCTION

「科學革命」這個名詞的歷史

歷史上沒有科學革命這回事,而這本書想討論的正是這個。就在不久之前,歷史學家以非常篤定的態度宣告「某件事」是真實發生過的;這件事並非無端出現,只是在這段時間的發展到達了頂點,徹底扭轉人們對自然界的既有知識,以及人們獲得正確知識的方式。就在這個時間點,大約十六世紀末到十八世紀初,世界才稱得上進入「現代」,這是件好事。1943年,法國歷史學家夸黑(Alexandre Koyré)盛讚科學革命所造成的核心觀念轉變,是自希臘時代以來「人類心靈所達到,或說所遭逢過最深遠的革命」。由於這段革命影響太過深遠,「使得人類幾世紀以來依然沒有掌握它的意涵;甚至直到今日,它還常被錯誤地評估和理解」。幾年後,英國歷史學家巴特菲爾德(Herbert Butterfield)有一段很有名的評論,他說科學革命的「光芒掩蓋了所有基督教崛起之後的成就,它讓文藝復興和宗教改革顯得只不過是人類歷史的插

曲⋯⋯（科學革命是）現代世界與現代心智狀態的真正起源」。我們更可以說它是一項觀念上的革命，從根本上重組了我們思考自然的方式。所以，科學革命的故事得從基本思維架構發生巨變的角度來說。對巴特菲爾德而言，促成科學革命發生的心智改變等同於「戴上一副嶄新的眼鏡」。對霍爾（A. Rupert Hall）來說，科學革命幾乎「從先驗的範疇重新定義了哲學與科學的研究對象」。

　　「科學革命」這個概念有其深遠的研究傳統，幾乎沒有其他歷史事件像它這樣明顯、或理所當然地值得研究。西方通識課程已對科學革命有固定的解釋方式，而本書試圖有效率地補充既有的解釋，並進一步引發讀者對現代早期科學成形過程的興趣[1]。然而，如同二十世紀的許多「傳統」，科學革命所隱含的概念，並不像我們認為的那麼悠久。「科學革命」一詞是1939年之後，因為夸黑才開始逐漸為人所知；而且直到1954年，才有兩本以科學革命為書名的書籍問世，分別是深受夸黑影響，由霍爾所撰寫的《科學革命》（*The Scientific Revolution*）[2]，以及具馬克思研究取向、貝爾納（J. D. Bernal）《歷史上的科學》系列的一冊《科學革命和工業革命》（*The Scientific and Industrial Revolutions*）。雖然許多十七世紀的

————

1　歷史學家通常將「現代早期」指向歐洲史上1550至1800這段時間。我則採取比較嚴格的定義，將這個詞的結束時間定在1700至1730年。之後我會使用「現代」和「現代論」來指涉在十七世紀展開的知識與實作上的特定改革。

科學革命

The Scientific Revolution

人都曾表達自己將帶來知識的重大變革，但事實上他們並沒有使用「科學革命」一詞，指稱他們正在從事的活動。

從古代到現代早期這段時間，人們提到「revolution」這個字，聯想到的是周期的循環。例如，十六世紀中葉哥白尼的新天文學，主張行星繞著太陽周期性的旋轉；這詞也指稱政治上的興衰消長，如同命運女神之輪。當「revolution」一詞帶有激烈的、不可逆轉、重塑秩序的意思時，則與直線式的、單向的時間觀念相關了。在這個新意義下，「revolution」指的不再是周期性循環，而是前無古人、後無來者，帶來全新事物的「逆轉」。將「revolution」賦予「革命」的意涵，和「科學領域開始革命」的這種說法，同樣都可以上溯至十八世紀法國啟蒙哲學家的作品。這些哲學家喜歡將自己和自己的學派形容成舊文化的叛徒。（不過，有些與本書主題相關的十七世紀作家並不會把自己形容成帶來全新事物的人，而是將自己描述成修復舊有事物，或是替舊有事物去蕪存菁。）也許可以這樣說，將「revolution」視為劃時代、不可逆轉巨變的概念，最初只是用來指稱科學領域的事件，後來才

2　1930年代，法國哲學家巴舍拉（Gaston Bachelard）指出了科學概念發展裡「突變」（或大規模斷裂）的概念，夸黑隨後繼續發揚：「毫無疑問，十七世紀的科學革命是場突變……它是一場現代物理知識上的深刻轉變……既是表現形式，也是成果。」

擴延到政治方面。在這層意義下，我們可以說革命是從科學領域開始，「美國革命」、「法國革命」、「俄國革命」，都是其後續。

近幾年，我們對於十七世紀的科學有了新的理解，歷史學家也逐漸對「科學革命」這樣的說法感到不安，甚至對於該不該使用「那場」、「科學」、「革命」三個詞來指那個時代的合理性都還有爭論的空間。許多歷史學家不再認為，在某段時間、某個地方，曾有一場獨一無二的「科學革命」發生。抱持這種想法的歷史學家認為，我們不該以為在十七世紀有個單一的文化體──科學，歷經了革命性的變革。當時的情況應該是，各式各樣的文化實作（cultural practices）都想重新理解、解釋，以及控制自然世界；不同的文化實作經歷了不同的變遷模式。他們也懷疑「科學方法」的存在──這裡指的是一系列用來產生具一致性、普遍性、有效的科學知識的程序。歷史學家甚至還多疑地想，這種科學方法是否真的起源於十七世紀，並一路傳承到我們身上。許多歷史學家並不認為十七世紀發生在科學實作與科學信念的變化有如大家印象中的那麼具「革命性」。如今，十七世紀自然哲學與中世紀的傳承關係持續被提起；不僅如此，接續十七世紀科學的是「遲來的」十八、十九世紀化學革命與生物革命，而其間的連續性讓歷史學家更難分辨出「原來那場科學革命」的特性。

The Scientific Revolution

為什麼還要書寫科學革命？

　　還有其他理由使得歷史學家對於科學革命的既有範疇感到不安。首先，近年來，歷史學家不再認為單一的思想觀念可以在概念空間裡自由地流動。過去，學者把「科學革命」視為獨立的概念或抽象的心理狀態，但新的解釋則堅持，觀念是更廣泛的文化與社會脈絡的一部分。如今我們對十七世紀科學變遷和宗教、政治以及經濟模式之間的關係有更深刻的理解。其次，更根本的是，一些歷史學家希望以具體的人類實作為研究對象，因為概念或觀念是從具體的人類活動中誕生的。我們應該關心，當人們進行或確認一個觀察、證明了一條公式，或完成一項實驗時，實際上做了什麼？將科學革命理解成「人類的活動史」，會非常不同於把它理解成（自由流動的）概念的「概念史」。最後，歷史學家對「誰」創造了科學革命，也很感興趣。什麼樣的人開創了這樣的變革？當他們點燃這場革命之火，同時代的人都相信他們嗎？還是只有一小部分的人相信？如果只有非常少數的人參與，我們為什麼會說科學革命是個影響「我們」重新看待世界的重大革命？為什麼會說科學革命開啟了「我們」此刻的現代性？這一連串的問題若不解決，將變成我們在使用科學革命這個概念時，習焉不察的陷阱。要回答這樣的問題，意味著我們得對現代早期

的科學變革有套解釋，以符合我們這個凡事較不斬釘截鐵，但充滿好奇心的時代。

即便有這些合理的懷疑與不確定，書寫科學革命仍是有意義的。主要的考量有兩個，第一，許多十六世紀晚期和十七世紀的重要人物都曾明確表示，他們致力推動非常新穎、重要的自然知識，並發展新的實作，人們透過實作，獲取、評價和交流正統的知識。他們認為自己是「現代論者」，有別於「傳統」的思考與實作模式。在這層意義上，今日所謂「科學革命的巨變」來自他們（和被他們攻擊的人士）的說法，科學革命來自二十世紀中葉的歷史學家發明一說，實則過於簡化。所以我們可以這麼說，十七世紀有人有意識且大規模地改變人們對自然的信念，以及獲取自然知識的方法。一本探討科學革命的書理應告訴讀者當時的這些企圖，不論這些企圖當時是否成功，以及彼此之間是否相互競爭、或是矛盾。

但是為什麼我們選擇只說某些故事，而不說其他的呢？如果在十七世紀，不同的人持有不同的世界觀，我們該如何挑選我們的主角和他們的信念？例如，某些「自然哲學家」主張理論化，同時也有某些學者力倡蒐集事實和實驗，相對來說比較沒那麼理論化的實作[3]。又例如，將物理學數學化需要的訓練就與植物學非常不同。另外，天文學該如何研究、什麼才是天文學家該有的

科學革命

The Scientific Revolution

信念，也往往有不同看法；被稱為「真科學」的天文學和化學，與被稱為「偽科學」的占星學與煉金術之間的爭議極多；不同實作者對於「自然研究」的範疇，也有相當不同的理解。這真的一點都不誇張。在這些爭議下被建構出來的「科學革命」，其概念下的文化實作也不見得完全能對應現代早期或十七世紀所指涉的科學範疇。歷史學家對於哪些實作才是科學革命的「核心」有不同看法；而當時的參與者對於何種實作生產出的是純正的知識，哪些已經經過徹底改造，也多有爭論。

更根本的判斷標準是，我們應該理解到十七世紀的「大部分人」——甚至是大部分受過教育的人——並不相信專業實作者所相信的，也不認為解釋世界的方式發生了劃時代的革命。如果有人寫了一本完整論述十七世紀自然思想的歷史，卻一點沒提及傳統裡所謂的科學革命，也一點都不令人驚訝。

科學革命這個概念至少表現出「我們」對自己祖先的興趣，這裡「我們」是指的是二十世紀晚期的科學家，他們認為自己所

3　在十七世紀，「科學」（science）這個字，指的是「構成方式正確」的知識（這裡的知識指的是必然為真的普世真理），而研究自然事物和世界因果結構的則是「自然史」和「自然哲學」。本書延續當時的用法，指稱相關的實作者為自然哲學家、自然史家、數學家、天文學家、化學家等等。「科學家」一詞發明於十九世紀，直到二十世紀初期才被一般人普遍使用。

相信的，就是自然的真理；而這樣的關注足以成為我們撰寫科學革命歷史的第二個正當理由。科學史家長期以來都對「當代取向」（presented-oriented）的歷史頗有微詞，認為當代取向的歷史往往自以為是地解釋過去發生的事。但是我們也沒有必要因為這樣就放棄瞭解人類如何從過去走到現在、誰是我們的祖先、我們與過去有什麼樣的連結。在這層意義下，針對十七世紀科學革命的歷史寫作可以詮釋這些轉變——當然，絕對不是直接或簡化地——這些轉變形成當代的某些特色，又因為某些特別的目的，我們也對這些特色感到興趣。科學革命的故事，就如同達爾文演化論中講述人類起源的生命之樹之於整個人類歷史的意義，我們不需要預設這樣的故事能完全解釋幾億年前的生命樣態。細數科學革命的歷史沒有錯，只是我們仍然必須注意，不要給予過分的詮釋。過度聚焦前人先行者的角色並無法合理解釋過去發生的事，因為伽利略、笛卡兒或波以耳並不是典型的十七世紀義大利人、法國人或英國人；提到他們時若只強調他們那些今日已廣被接受的理論，例如自由落體定律、彩虹的光學原理、或理想氣體定律，我們就不可能真正掌握得住他們的專業與研究項目在十七世紀的意義和重要性。

過去並不是在某一瞬間突然變成「現代世界」，這表示如果我們發現十七世紀的科學實作者既具備現代元素，同時也保有傳

統色彩時，不應該過於驚訝；他們的觀念需要透過幾代的轉化與改變，才會成為今天的「我們」。而且最終，當我們說著前人，或是這個一脈相承的傳統一開始的故事時，所提到的那些人、那些思想、那些實作，總是反映出某些當代的興趣。我們在伽利略、笛卡兒和牛頓的故事裡，反映了二十世紀末的科學信念，以及我們對這些信念的評價。我們可以基於不同的目的，將現代世界的某些部分追溯回被伽利略、波以耳、笛卡兒和牛頓「擊敗」的哲學家身上，找出一套與現在認可的科學先賢所提出非常不同的，關於自然的知識與看法。我們甚至可以證明十七世紀大部分的人並沒有聽過那些現在被我們景仰傳頌的科學先賢；當時人們所相信的，可能與被我們「挑選出來」的科學前輩所相信的非常不同。再者，十七世紀大多數的人並不住在歐洲，並不知道他們正活在「十七世紀」，也沒有意識到有一場科學革命正在發生。有一半的歐洲人是女人，她們幾乎沒有參與科學文化；大部分的歐洲人（包括男人和女人）若不是文盲，就是沒有接受過正規教育，無法加入科學革命的行列。

一些歷史學的議題

我的原意是想讓這本書呈現最新的歷史研究，因此借重了歷

史學、社會學和哲學在科學革命方面最新的研究成果，但我又不希望因為不斷引用學術圈在方法學上或概念上的爭辯而造成讀者的困擾。這本書不是寫給學有專精的學者，讀者如果對於學術圈的發展有興趣，可以在後面的參考文獻找到相關的指引。我不會否認，我這個版本的科學革命代表著特定的觀點，雖然我對其他許多優秀的學者保持開放的態度，但畢竟觀點還是我自己的。毫無疑問，有不少專家並不同意我的研究取徑，有些攻勢甚至還挺猛烈的，大量現有的說法也對哪些是科學革命裡值得一提的故事呈現出不同的觀點。因此，我要在這裡簡短地說明我在歷史學議題上所採取的立場。

第一、我認為科學是鑲嵌於歷史和社會的活動當中，因此應該從科學進行的脈絡來瞭解科學。長期以來，歷史學家為了該將科學置於歷史、社會的脈絡，或是該將其獨立看待，爭論不已。我想，我就以我的方式來處理十七世紀的科學：它是集體實作，並且鑲嵌於歷史的情境。我想邀請讀者一同來評斷這樣的解釋是否說得通，同時能夠串起整個故事，並讓人感到興味盎然。

第二、長期以來，歷史學家對於該如何用社會學和歷史學「脈絡化」的研究法來研究科學的爭議，似乎將研究者分成兩種，一種將焦點放在所謂的「知識因素」，例如觀念、概念、方法、證據；另一種則是聚焦在所謂的「社會因素」，例如組織形態、

政治與經濟對科學的影響、科學的社會功能，或科學對社會的影響。這種二分法的分類對許多歷史學家，包括我在內，都是相當愚蠢的，而我不想浪費時間回顧為什麼這樣的爭論會在過往對現代早期科學史的研究取徑上，一再出現。如果我們已經認知到，必須將科學置於歷史背景中，認知到科學具備社會學式的、集體性的面貌，那麼我們對於科學的瞭解就應該涵蓋所有面向，包括科學的概念、實作，更不用說它的制度形式和社會功能。任何想要從社會學角度呈現科學的歷史學家不能無視相關科學實作者所**掌握**的知識，以及他們如何獲得這些知識。這些歷史學家應該要呈現製造知識和擁有知識，本身就是種社會過程。

　　第三、過去提到「社會因素」（或是科學的社會學面向），往往聚焦在「表面上」適合科學的那些，例如：從經濟學借用一些比喻來說明科學知識的進展，或把科學視為一種意識型態，藉此論證某些政治發展的合理性。許多傑出的歷史研究都以這樣的概念為基礎。然而，像這樣一想到科學的社會學面向，就直接聯想到這些表面的因素，對我來說有點奇怪，也侷限了研究的方向。科學家實驗室內的「社會面」不亞於實驗室外的世界，而這些是科學知識發展的一部分。事實上，將社會與政治放一邊，「科學真理」放另一邊的二分法，只是本書討論時期，也就是十七世紀文化產物的一部分。二十世紀末大家習以為常的科學面貌，某個

程度是歷史的產物，而這也是這本書所要探討的議題。我不會將社會與科學的分野當作既定事實，並直接拿來作為說故事的論據，而是把它變成研究的主題：我們為什麼，以及如何，將這樣的分野視為理所當然？

第四、我不認為有所謂十七世紀科學「本質」或科學革命「本質」的東西；也就是說，沒有任何單一的故事可以完全捕捉二十世紀現代人感興趣的所有科學、或科學變革的面向。我想不出有哪個傳統上被視為現代早期科學的特徵，其本質沒有經歷過重大的變革，使其形式呈現出顯著的差異；我也想不出有任何一個科學主題沒有經過同時代實作者，也就是那些被視為「現代論」革命人士的批評。我認為沒有科學革命的本質這回事，我們理當可以訴說不同版本的故事，每個版本都可能呈現出文化中的某些真實。這意謂著，「選擇」是任何一個歷史故事都必定會出現的特色，沒有所謂的終極版本或詳盡無疑的歷史，即使歷史學家已經窮盡了所有篇幅。我們所選擇的片段不可避免地反映了個人的關注，即使我們一直希望「如實陳述」。這意謂著，在我們述說的故事裡，不可避免地有「我們」的影子。這是歷史學家的困境，任何想要帶領歷史學家逃離這樣困境的方法，雖然立意良善，但都是痴人說夢。

專業史家提出的各種解釋，都奠基於大量有事實根據的歷史

知識。尊重史實是對知識的誠實，所有希望忠於事實的歷史學家都企圖在**任何**通論性的科學史上，設下無限多的條件。我與其他歷史學家同樣強烈感受到這種引力——我原本希望在書中許多概要式的敘述之間，有足夠的篇幅添加更多細微的描述，闡述更多的史實。但是順從這種引力的代價很高。故事將越來越複雜，充斥越來越多的條件，讀者會不停地被各式各樣的修正說法打斷，或是被大量的文獻引用團團包圍；除了專家，一般人很難閱讀。這樣雖然可以增加讀者史實方面的知識，卻不太可能增長對歷史全面性的認知。當然，我希望能讓讀者注意到十七世紀科學的文化異質性，但我會沿著歷史軸線，用相對來說較少的議題和主題來鋪陳。

我們對科學革命的解釋無疑是經過選擇，而且片面的，這點我欣然接受。這本書較傾向經驗科學與實驗科學，同時以英國文獻為主，一方面是由於我個人歷史研究的興趣，另部分的原因在於，我認為過去的歷史研究太過偏重物理的數學化和歐洲大陸背景[4]。之所以會集中在這兩點，主要是因為史家認為物體運動研究的數學化，以及亞里斯多德宇宙觀的崩解，才是十

---

4 在許多例子裡，我皆採用英文的史料，但這並不是為了要影射或斷定某個地區是發展中心（特別是以英格蘭為中心），而是試圖用某個具體在地的例子來說明廣泛存在於歐洲的共通現象。

七世紀「真正創新」與「真正重要」的事件——理所當然地將焦點放在伽利略、笛卡兒、惠更斯和牛頓身上。傳統的故事相當推崇物理的數學化和天文學，使得人們以為單靠這些實作就足以促成科學革命，或是以為這些故事就能涵蓋現代早期科學史上所有值得傳頌的重大創新。這樣的觀點有其價值，但是本書將把焦點放在更廣泛的科學事業——改良過的觀察與製造經驗的實作。的確，最近一些歷史研究主張，十七世紀，特別是英國地區，經歷了辨識經驗、獲取經驗、驗證經驗、組織經驗與溝通經驗等經驗模式的創新，而我希望可以呈現這些主張的重要性。這本書花費相當多的篇幅在討論所謂的「機械哲學」、「實驗哲學」和「粒子哲學」，但我不會把這些直接等同於整個科學革命。十七世紀的自然哲學並不全是機械論或實驗哲學那套說法，即使在機械論或實驗哲學內部，也有不同觀點的擁護者，對其範圍和作用提出質疑。我認為，如果研究者可以掌握當時的「機械化」不只是將自然機械化，還包括將獲取自然知識的方法機械化，以及何種機械模式和實驗方法才是合適的爭議，將更能理解這時期的文化變革。

如果說這本書在概念上有什麼原創性，也許是來自於它的架構，接下來的三個章節陸續處理人類對自然瞭解了什麼、人類如何獲得那些知識，以及知識的目的是為什麼；換句話說處理了

科學革命

The Scientific Revolution

「什麼」、「如何」、「為什麼」三個主題。一些既有的研究特別著重在知道了「什麼」，解釋「如何」時則把歷史過程過於理想化，至於「為什麼」則甚少提起，這使得「為什麼」相較之下看起來與「什麼」和「如何」沒有太大關連。

我試圖把過去對於科學革命基本上算是權威的解釋摘錄出來，但同時我也會點出這些信念彼此間的差異，有些甚至爭辯得相當激烈。一開始我會先挑出幾個過去歷史學家經常處理、不同層面看待自然方式的改變。我已經說過，沒有所謂科學革命的本質這件事，但現實的理由又驅使我有時不得不發展出某種連貫性的解釋，才能描述這種自然知識的轉變。（我能做的是特別點出這一點，以及它可能有的問題。）

我會將重點擺在自然知識的轉變和獲得知識的不同方法之間，四個互有關連的面向。第一個是自然的機械化（mechanization），越來越多人以機械運作為比喻理解自然過程和自然現象。第二個是自然知識的人格解體（depersonalization），將身為主體的人與知識對象的客體－自然分開，特別是把人們一般經驗，與自然「事實上」是如何，明確區分開來。第三是將知識製造的過程機械化，這是指提出明確的準則，方便控制或排除觀察者的情感與好惡，以規範知識的生產。第四是運用改造過的自然知識，達成道德、社會和政治目的，但前提是這些知識是有益於人群，且有

影響力，更重要的，它們是**無私的**。第一和第二個面向會於第一
章中介紹，第三個面向將在第二和第三章處理，第四個面向則特
別放在第三章討論。

　　第一章處理了一般談論科學革命時會提及的標準議題，包括
當時對亞里斯多德自然哲學的挑戰，特別是其在物理學上認為地
球與其他天體應以不同概念理解的主張；以哥白尼的太陽中心論
批判並取代地球中心論、地球為靜止不動的說法；以機械比喻自
然，也可解釋為透過數學理解自然，而這種「性質的數學化」也
明顯呈現出當時關於物質「主要性質」（primary qualities）與「次要
性質」（secondary qualities）普遍對立的態勢。

　　第二章則從傳統討論科學革命的角度出發，只是我們不再單
純地將知識視為最終的產物，而把焦點轉向那個時代的人是如何
更積極、更務實地製造知識這回事——這意指他們如何以安全穩
當，同時又使人信服的方式，傳播一點點關於自然的知識。新的
知識在形式和本質上與舊的知識有何不同於？在知識產出的習慣
上有何不同？我在這裡想給讀者一種印象，那就是第一章提到的
知識和其變革都是經過眾人的努力才得以成形，並獲得認可，同
時實作者對於如何獲得自然知識並確保其正確性，還是抱持一定
程度的歧見。我想傳達科學是動態的，科學是行動的、創造的，
取代過往認為科學是靜態的、充滿抽象「信念」的印象。

　　類似的主張也可見於最後一章，該章將自然知識所服務的一系列**目的**，置於十七世紀具體的歷史時空之中。自然知識並不只是**信念**，某個程度，它也是實際活動的資源。倡議者認為改良後的自然哲學對什麼有幫助？什麼是傳統形式的知識無法達成，只好仰賴改良後的？為什麼其他的社會制度也應該重視並支持新科學？

　　我承認這本書的敘事也是經過選擇的，我希望在解釋性的通論之外，輔以一系列相對而言較為特定的科學信念和實作的細節片段。我之所以這樣做，是因為我希望這本書即便經過我獨斷地裁切，但仍可以讓讀者感受到，擁有知識、製造自然知識，以及在現代早期社會宣揚與發現自然知識的價值，分別會是怎樣的情況。我不認為僅靠這個方式就能達成這項任務，我只希望這些細節描述可以是扇窗口，透過窗口，讀者窺探過去。也許沒有比「讓歷史再現」更加老生常談的願望，但我仍必須說正是這個願望，讓我想寫作這本書。

他們知道了什麼？

WHAT
WAS
KNOWN?

知識的視野和自然的本質

　　大約在1610年年底到1611年年中之間的某個時間點，義大利的數學家兼自然哲學家伽利略（1564–1642），將其新發明的天文望遠鏡對準太陽，發現了上面的黑點，而且這些黑點顯然是在太陽的表面。根據伽利略的報告，這些黑點的形狀不規則，每天的數量和透明度也都不同（圖1）。再者，它們並不是固定在某處，而是在太陽表面，從西到東規律地移動。伽利略並沒有深究這些黑點是由什麼構成，也許是太陽表面的物理特徵，也許是類似地球上雲層之類的東西，也許是「地球水汽上升後，被吸收到太陽的結果」。當時的其他觀察家認為這些黑點是繞著太陽運轉的小行星，離太陽有一段距離；但伽利略基於光學計算，確定這些黑點「絕對不是遠離太陽表面的。黑點就算不是貼近著太陽，也是隔著小到幾乎無法察覺的距離」。

　　西方自然哲學的傳統可上溯至亞里斯多德（西元前384–322），中世紀和文藝復興時期的經院哲學家雖有修正，但基本上仍承襲這個傳統[1]。伽利略發現太陽黑子並沒有挑戰這個傳統，他對那些

1　經院哲學承自亞里斯多德學派，經過阿奎納（約1225–1274年）著力發展，之後在中世紀的「大學」裡教授；其追隨者有時被稱為「煩瑣哲學家」（Schoolmen）。

他們知道了什麼？

What Was Known?

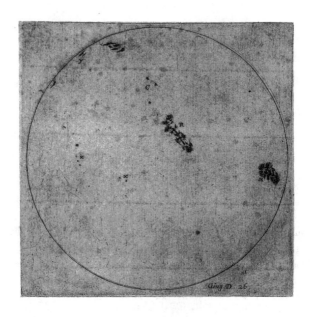

———— 圖1 ————
伽利略在 1612 年 6 月所觀察到的太陽黑子。

黑點的獨特解釋才真正造成了衝擊。伽利略對太陽黑子的解讀，以及一連串的觀察和繼之而來的理論，嚴重質疑亞里斯多德學派的基本看法：天空與地球上適用的，是完全不同的物理學。從古典時期到伽利略的時代，正統思想認為天體的物理性質與原理不同於地球上的；地球本身，以及地球和月球這個範圍內，較易遭遇到變化和衰敗的過程。在這裡所有的運行都是直線且不連續的。但是，在太陽、星星和其他行星上有另一套物理法則，萬物不會改變，也沒有不完美。所有天體都持續地以圓形的軌道移動，前提是它們會移動；所有天體都循這個最完美的形式移動。這也是為什麼正統思想會把彗星歸類在地球大氣，至少是在月球之下，因為它們既沒規律、存在時間也不長，不可能屬於天空之上。雖然在十六世紀晚期和十七世紀早期的亞里斯多德學圈內，天體易變性的說法不見得完全不為人知，但是伽利略仍重重地挑戰了傳統關於天體運動的想法。

在傳統的思想框架下，很難想像太陽會有黑子或污點。伽利略很清楚這樣的先驗推論來自傳統「太陽是無暇、完美」的信念，所以太陽表面**不能**出現黑子。但是，他駁斥這種毫不懷疑太陽完美性的前提，因為那並不合理。伽利略認為我們必須依據觀察而來的事實，即黑子是在太陽表面上的這項觀察結果，推演出天體和地球同樣不完美的結論：

認為太陽是個完美的天體，所以不相信黑點會存在其上的說法……根本是沒有根據的。只因人們認為太陽是「最純淨、最清澈的」，於是無論實際感受如何，總之太陽絕對沒有黑影，也絕沒有不純淨的地方。但是，呈現在我們面前的太陽明顯有部分的不純淨和黑點，為什麼不應該稱它為「有污點、不純淨的」？我們應該是要讓名稱或屬性符合事物的本質，而不是反過來，讓事物符合它的名稱。實情是，事物發生在前，名稱跟隨在後。

　　這段話被標識為是一種新的思考自然的方式，也是人們開始以新的角度思考該如何獲得關於這世界的可靠知識。伽利略準備好要去反駁傳統裡已被認可的、有關自然基本結構的信念，他主張不應該把傳統的學說視為理所當然，而是要依循可靠的觀察，和數學般精確的推論[2]。就像十六世紀末、十七世紀初其他那些挑戰古典正統的人，伽利略屬於對人類知識的可能性徹底樂觀的一方。他主張只有一套放諸四海皆準的自然知識，而非傳統的兩套

2　事實上，伽利略利用望遠鏡觀察月亮、行星和太陽黑子的可信度與真實性，並不是一下子就被所有能人賢士所接受。當時最大問題是，如何說服哲學家那些所謂觀察到的現象，不是來自望遠鏡本身的幻影。我們在第二章將會觸及這樣的反對意見，以及在確認個人觀察也具備公信力時，所遇到的難題。

規則，天體、地球各擁其是。不僅如此，由於他聲稱天體運行與地球上事物具有某種相似性，這便隱含研究地球一般物體的特性與運動方式，可同時理解自然的意涵。這不僅代表地球物體的不完美與變易性可以成為瞭解天體的基礎，現代自然哲學家甚至宣稱，人類在地球上製造的效應可以成為一種縮影，用以瞭解自然的運作。例如：砲彈的運動可以成為一種模型，用以瞭解金星的運動。

　　新的事物不斷來到歐洲人面前，這激起他們對人類知識可能性的樂觀。那些現代早期自然哲學家挑戰傳統的心情，一如哈姆雷特告訴霍瑞修「在天地之間，比在你的哲學想像裡，擁有更多事物」時的情懷。傳統對於世界萬物的理解已被認為貧乏得不合理。既然如此，我們為何還要相信這種過時的、對世界掌握有限的知識呢？每日都有新的事物出現，反映出古代文本與真實世界之間的斷層。從新大陸回來的旅人帶回許多歐洲不曾見過的植物、動物、礦物，還有許多故事。沃爾特‧雷利爵士（Sir Walter Raleigh）對那些足不出戶的懷疑論者直言，「世界其他地方的事物，遠比在倫敦和斯坦斯之間的更為新奇」。[3]十七世紀初期以降，

3　斯坦斯是個位於倫敦西方30公里處的村莊，鄰近希斯洛機場。近期的歷史著作指出，歐洲長期以來都是透過書寫傳統體會新世界，想像這個世界可能的樣貌。

觀察者對於望遠鏡和顯微鏡的使用者顯示出若沒有儀器輔助，人類感官的限制；他們還主張若要揭開更多細節、更讓人驚奇的事物，只能等待儀器的改進。各種嶄新的知識實作向自然知識與人類歷史探尋的同時，也宣稱其能準確掌握這些，從未有人親眼見到的知識。這些新觀察到的事物撼動了既有的哲學系統，並且被一群熱切要使傳統理論家難堪的人所掌控。當有一種你連做夢都想像不到的生物，隔天卻可能在某個遙遠的地方，或是顯微鏡底下被發現，誰敢胸有成竹地保證什麼是存在的、什麼又是不存在的呢？

　　1620年英國哲學家培根（1561–1626）出版了一本書，名為《偉大的復興》（*Instauratio magna*）。這個書名預告了古老權威的復興，以版畫裝飾的書名頁則是利用圖像生動呈現出對科學知識之可能性與拓展範圍的樂觀（圖2）。象徵知識的大船正駛出海克力斯之柱——一直以來，海克力斯之柱扼守的直布羅陀海峽都象徵著知識的極限。版畫下方的句子出自聖經《但以理書》，「必有多人來往奔跑，知識就必增長」，培根對此的解釋為，近代世界實現了聖經的預言，預言說的是「總有一天，世界將因航行、貿易與進一步的知識發現而開啟」。傳統上用以表現知識有其限制的說法「無法進一步」（ne plus ultra），被近代的「進一步」（plus ultra）所取代。除了擴大對自然世界的認識，也更新既有的自然知識；而具

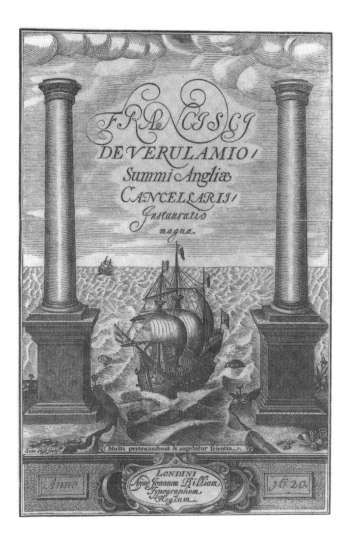

—— 圖2 ——
《偉大的復興》書名頁。

備如此心智的實作者將因掌握新發現的本質和現象，徹底動搖原本既有的哲學體系。

挑戰以人類為中心的宇宙觀

　　許多人認為，伽利略十七世紀初在天文與物理上的研究，進一步證實了波蘭教士哥白尼（1473–1543）在1543年發表的新的宇宙模型（圖3）。直到十六世紀中葉，以拉丁語為主的西方世界幾乎沒有學者認真、全面地檢視過托勒密（約西元100–170）的宇宙系統。托勒密的系統將地球放置在宇宙的中心，月球、太陽和其他行星在外圍運行，每一個行星都占有一定的、實際上的運行空間（圖4）。遠一點的，是固定不動的恆星的領域，最外圍的部分則是跟著整個天體圓形的運動旋轉著。

　　托勒密的地球中心論內含希臘人關於事物本質的觀念。土、水、空氣、火，每一種「元素」皆有其「自然位置」，而當它處於自然位置，就是它最穩定的狀態。可以確定的是，我們在地球上所接觸到的所有物體，並不是純粹的元素。看起來像土的物體，只是以土為主要的元素；我們所呼吸的空氣，則是以空氣為基本的組成物，以此類推。土和水都屬於重的元素，在宇宙中心才比較安定；空氣和火有上升的傾向，比較適合地球之上，大氣

的空間。但是天體，包括太陽、星星、行星則是用「第五元素」，或稱為「以太」（ether）所構成；這種物質不會腐敗，且依循完全迥異的物理規則。所以即便本質為土的地球傾向下墜至宇宙的中心，空氣和火傾向上升，天空中的天體仍自然地以完美的圓形運行著；因為其構成要素是如此的完美，永恆不變。

　　整個宇宙繞著地球旋轉，而地球是人類所居之處，正是在這個意義上，前哥白尼的宇宙觀實際上是以**人類中心主義**的宇宙觀。雖然地球占據如此特殊的位置，並不意味其必然具備獨有的美德。人類和其賴以生存的地球環境被認為是上帝耶和華的精心創造，但相對於天堂和來生，地球和人世其實是痛苦和墮落的；而真正的宇宙中心則是地獄。十六世紀末法國散文家兼懷疑論者蒙田（1533–1592）支持托勒密的這種說法，他形容人類居住之處「骯髒潮溼，是宇宙中最糟糕、最低賤、最死氣沉沉的地方，處於世界的底層」。甚至直到1640年，一個支持哥白尼學說的英國人，還是有可能同時認可某個強力反對太陽中心說的人所提出的說法；諸如認為地球是個頹廢之地，因為它聚集了宇宙裡較污穢和低階的物質，也因此必然在宇宙的中心；與那些較為純淨而不會腐敗的天體之間，距離遙不可及。此外，在亞當、夏娃犯下原罪，被逐出伊甸園之後，人類的感官已受蒙蔽，人類知識的可能性也被大大地限制。所以可以說，一方面傳統思想就認為人類

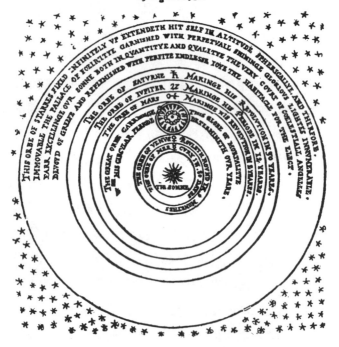

——— 圖3 ———
英國數學家迪吉斯（Thomas Digges，約1546–1595）於1570年代
所繪製的哥白尼系統。他修正了哥白尼原先的看法，發展出無限宇宙的概念；
在這體系裡，星星位於無限宇宙的不同點上。出處：迪吉斯，《天球的完美描述》
（*A Perfit Description of the Caelestiall Orbes*），1576。

科學革命

The Scientific Revolution

——— 圖4 ———
托勒密的宇宙，繪製者為十七世紀中葉傑出的波蘭天文學家
赫維留斯（Johannes Hevelius，1611–1687）。
出處：赫維留斯，《月面學》（*Selenographia*），1647。

這生命有限的生物其位於宇宙中心的居所特別容易變異，也不完美；另一方面，人類所能掌握的知識範圍和品質，是有限的。

十六世紀晚期到十七世紀，擁護和發揚哥白尼學說的自然哲學家從更根本的角度攻擊人類中心主義。地球不再是宇宙的中心，從整個宇宙的角度來看，地球只不過是環繞太陽運行的行星之一；實際上就是推翻人類中心主義[4]。過去那種人們生活在一個大平台上，太陽和星星依照周期繞著地球旋轉的經驗說被摒棄了。若以經驗來看，地球是靜止的，但是新天文學主張地球有自轉的周日運動，和以太陽為中心運轉的周年運動[5]。日常的生活經驗只是表象。一般常識往往會這樣推論：若地球自轉，應該就會形成風，而這要不會使人們必須按住他們的帽子，要不就是人們

---

4 但人類中心主義仍以另一層意義在十七世紀的新科學中保存下來。第三章將會提到，視自然界為機械的觀念保留了，也支持了人類獨特性的說法，大自然非人的部分（即機械的部分）即是神特別設計來給人類居住和利用的。人類中心主義的地位一直在科學界屹立不搖，直到十九世紀末達爾文主義廣被接受為止。

5 事實上，哥白尼也假定地球有第三種運動：一種緩慢的、圓錐形的震動，這可以解釋幾千年來星星位置的微小改變。若要充分理解科學革命裡的天文學，還要處理十六世紀晚期最具備觀測技術的丹麥天文學家第谷（1546–1601）折衷托勒密和哥白尼的系統後提出的概念。第谷系統主張行星繞太陽而行，太陽又以地球為中心運轉。事實上，許多哥白尼支持者反對的是第谷的系統（而這系統亦特別為天主教耶穌會士所偏愛），而不是托勒密的系統。

會因此掉出地球;只不過這樣的常識實在毫無根據。如果將一顆石頭往上丟會掉回原點,那代表我們需要更新的、與一般常識不同的物理學,才能夠解釋為什麼在旋轉的地球上會發生這樣的現象。地球在宇宙中的地位不再獨一無二,某些哥白尼的擁護者甚至認為若地球喪失了這樣的獨特性,那是否意味著,其他星球可能也適合人居,或有其他人種存在的可能。1638年,英國數學家威爾金斯(John Wilkins,1614-1672)發表了一冊小書,試圖證明月球上也許存在另一個可居住的世界。

如果說一般人能感受到的,是地球被充滿星體的穹蒼所覆蓋,那麼近代天學家的觀察則大幅拓展了原本宇宙的格局。當伽利略將望遠鏡指向星空,發現了比之前用肉眼所見更多的星體,他在先前已知的獵戶座腰帶三顆星體之外,另外補上了八十顆星體(圖5);一些星雲則分別被歸入各自的小銀河。伽利略也發現這些星體與月球和行星不同,即使用望遠鏡觀看,也不會放大很多。這很有可能是因為這些星星都距離地球非常遙遠,伽利略對這點持保留態度,不過這解釋了為何哥白尼系統沒有視差[6]。若地

---

6 視差出現於從兩個不同的定點觀察同一物時,角度的改變。兩個距觀察者很近的天體其周年視差應該相當大,但是如果這兩天體都距離觀察者非常遙遠,那視差就會微小到無法察覺。哥白尼和他的追隨者都無法觀察到恆星的周年視差。

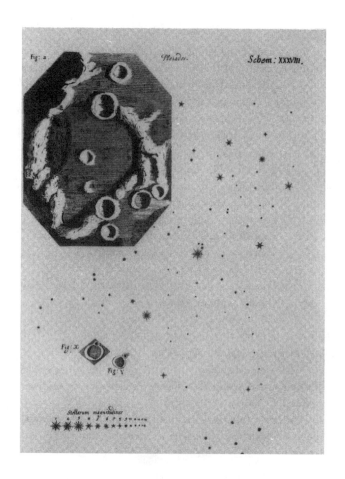

———— 圖5 ————
「從望遠鏡觀察到的許多小星體」。這張插畫收錄在英國實驗學家
虎克（Robert Hooke，1635–1703）1665年的著作《顯微圖譜》（*Micrographia*）。
昂宿星團裸眼看只有七顆星，伽利略初期的單筒望遠鏡則可以看到三十六顆；
圖的右邊和中間，是虎克使用30公分長望遠鏡後所記下的七十八顆星體；
左下角是它們的星等圖例。這張圖展現了十七世紀透鏡輔助視覺的威力，
虎克有信心用「加長的望遠鏡……發現更小、更不起眼的星體」。

球會動，照理說觀看遙遠星體之間理應會出現視差；所以若解釋了何以沒有視差，等於也支持了哥白尼系統的說法。另外，伽利略發現了令人感到不可思議的木星衛星群，而這也暗示地球與月球的關係並非獨一無二，又進一步支持了哥白尼的系統。

傳統的天文學假定宇宙是有限的，每個天體都繞著固定不動的地球旋轉，全部的天體都會在二十四小時內轉完一次。在這樣的系統中，星星不可能無限遙遠，因為若有無限遙遠的星星，外圈的天體就必須轉得無限快才行，而這是相當荒謬可笑的。哥白尼主張星星是固定不動的，他還強調星星非常地遙遠，沒有任何理由證明其並非如此。真正提出星星是「固定不動在無限遠處」這個概念的，的是後來的哥白尼支持者。宇宙是無限的概念其實早在中世紀之前就有人提出；儘管有些哥白尼理論的支持者頗為輕視這種說法，但這個概念的確在十六、十七世紀為歐洲文化帶來全新的體驗，因為它挑戰了一般人日常的經驗。原來，人類只是宇宙中的滄海一粟。大部分專業的天文學家並不會因為無限宇宙的觀念而感到憂慮（有些人甚至會讚嘆宇宙的壯麗），但這不表示一般受過教育的普通人也抱持著同樣的想法。面對「無限」、面對傳統宇宙知識的崩解，以及地球不再是宇宙中心想法的蔓延那種不安，沒有什麼比英國牧師、詩人鄧恩（John Donne）在 1611 年這首詩表現的更生動：

新哲學將一切置入懷疑，

火之元素已完全熄滅；

太陽失位，地球履隨，人的一切智慧都無法妥適地指引，

該到何處尋回。

人類嘆人承認這個世界已然過時，因在行星之際，蒼穹

浩渺，

他們尋得眾多新發現，然後目睹

這個世界傾圮崩潰，復歸塵土。

一切都是破碎不堪，一切都失調混亂，

一切只是彌補，一切都相互關連。

　　法國的數學家及哲學家巴斯卡（Blaise Pascal，1623–1662），是這麼形容無限宇宙概念帶來的道德失序感：「無限宇宙的永恆寂靜令我心驚。」[7]

　　新哲學除了衝擊人們關於天體的常識，也動搖一般人日常經驗的認知。拿亞里斯多德和「近代」物理學看待運動的方式為例。對於亞里斯多德，和跟隨他的那些中世紀與現代早期的哲學家而言，土、水、火、空氣四大元素都有其「自然的運動」，即依照

7　這句話並不是指巴斯卡身為哲學家的態度，而是泛指當時自由思想家（libertines）的態度。

其「本性」移動。如我們所知，土元素的自然運動方向是以直線墜落的方式下墜地球中心，除非遇到擋住它下墜的阻礙，或者有另一方向的推力作用於它。自然的運動會把物體帶到自然的位置。亞里斯多德當然知道有非直線的運動，他將其稱為受外力干擾的「暴力的運動」，即有違本性的運動，就像有人拿石頭由下往上，或從與地面平行的方向丟出去。當我們想瞭解某個物體自然的運動，便不能對其施加人為的力量。

對亞里斯多德和他的跟隨者而言，所有的自然運動都具有發展性。物體本來就會移動，以成就它們的本性，將潛在的化為真實，並移動到它們該去的歸所。從這個角度而言，亞里斯多德物理學是以生物學為模型，利用了與理解生物時相似的解釋架構。就像橡樹種子會長成橡樹，是從潛力狀態發展到真實狀態，所以從上往下掉的石頭也是發揮了它的潛能，實踐了它的「本性」。傳統上對自然運動的解釋很明顯地與人類的經驗特質相呼應，例如人類會用目的論解釋自身的行動，為什麼牧羊人要走向他的小屋？因為他有一個目的，他要去他想去的地方；為什麼火焰會從火裡面竄出？因為它熱切地想要回到自己的自然位置。正是在這層意義下，科學革命前夕的傳統物理學可以說具有與人性相仿的特性。我們解釋石頭運動的基本特性也與解釋人類如何的運動相當類似。基於這個理由，我們可以提出一個較不嚴謹的說法，也

就是傳統這種看待物質的思維屬於「萬物有靈」（animistic），即將靈魂般的特性套用在自然事物與其進程。8

　目的論和萬物有靈這些傳統物理學運動的特色，讓十七世紀那批新自然哲學家好像抓到了證據，刻意誇張地證明傳統物理學的荒謬，與**無法理解**。幾世紀以來使物理學具有「一般常識」地位的理由，如今都成了它的不足之處；只要指出亞里斯多德哲學的目的論特徵，基本上就等於批評了它。英國哲學家霍布斯（Thomas Hobbes，1588–1679）是十七世紀批評亞里斯多德的眾多人士之一，他將眾人的注意力聚焦到亞里斯多德擬人論的特色，重挫傳統物理學的信念。亞里斯多德派認為物體因為沉重，所以下墜，「但是如果你問他們什麼是『沉重』，他們會告訴你，那是一種向地球中心前去的企圖，所以物體下沉的原因是在於想去底部的企圖。以此解釋物體的下降或上升，是因為他們認為⋯⋯石頭和金屬擁有慾望，或者能夠知道它們該去的地方，如同人一樣。」

8　歷史學家已經將這樣的思考模式稱為「泛生論」（hylozoist），這是一個從希臘文來的複合字，代表「物質」和「生命」。亞里斯多德物理學中提及自然擬人化之處，也部分反映出十七世紀反對者對其如何描述物質特性的爭議。亞里斯多德的哲學的確把人性與自然的範疇互相對應，但要注意，亞里斯多德本人並沒有認為「自然會思考」。

大自然是個機械

相較亞里斯多德的目的論，以**機械**的特徵去想像自然、模擬自然，更受近代自然哲學家的青睞。機械的比喻在新科學中相當重要，許多新科學的倡議者喜歡將他們的實作稱為**機械哲學**。即便近代的科學實作者對機械論的本質，及其解釋事物的侷限性仍有爭議，但是發展出一套合宜的機械論一直被認為是值得追求的目標。這種將自然視為機械的概念，以及用機械解釋自然結構的共識，正是機械哲學對亞里斯多德哲學根本的背離之處，其癥結點就在於對自然與人為（或人造）的不同思考。

在希臘羅馬的思想中，「自然是個設計者、是個工匠」的概念極為普通，甚至亞里斯多德的《物理學》（*Physics*）也有特別提及。「自然」執行一項計畫，就如同建築師建造一棟房子，兵器製造師鍛造盾牌一樣，是決心去實現一項計畫。自然的成品和人類的成品都是「創造出來的」，也因此**有理由**在它們之間進行特定的比較，所以希臘人這麼說：人類的技藝（在此指人造物或技術），源自模仿自然。如此一來會有兩種結果：要不是像農業技術，協助自然原本的發展、完成自然本來預定的計畫，甚或修改自然；要不就是像紡紗或織布工人，明顯地就是在模仿蜘蛛的行為。（當時其他的哲學家認為，人類烹飪的技藝模仿自

太陽，製造機械的靈感則來自觀察天體運轉的啟發。）但是，我們不該因此就認定自然所造之物與人類所造之物屬於同一層級。自然可能出錯，但比起人造之物仍舊高明許多，所以人類不應該與自然競爭。所有想與自然一較長短的雄心都被視為不道德的；世界秩序是神聖的，人類自以為是地模仿神聖之物並不具正當性。羅馬作家曾經傳頌那個人類還沒有房子、沒有織品，有的版本甚至連農業都沒有，卻仍能快樂生活的黃金年代。自然物與人造物相互比較時，呈現的是一個對立的狀態。傳統認為它們之間是對立的，所以人造物不論是想質疑，或模仿自然秩序，都得不到任何合理性。

然而，機械哲學之所以易於理解並具備實際可行的特質，正是因為其揚棄了亞里斯多德哲學那套歷經中世紀和文藝復興時期，仍保存下來，並持續發展的，對自然物與人造物概念的區分。有些作家，例如培根就反對亞里斯多德哲學，「反對亞里斯多德哲學」成為改造自然史的基礎（於是此後的自然史才包含了人造物），也才開始對人造物抱持樂觀態度；培根認為「不論在形式或本質上，人造物與自然物並沒有很大的差異……只要事物能夠運作，不論是依照人為的方法或是自然的方法，都是一樣的」。這種培根式的感受在十七世紀的機械論哲學家裡得到進一步的認可。法國的原子論者伽桑狄（Pierre Gassendi，1592–1655）寫道，「我

們採用相同的方法研究自然之物與人造之物。」法國數學家和哲學家笛卡兒（1596-1650）宣告「工匠所製造的機械和自然所組成的各式事物沒有什麼不同」；唯一不同的是，前者的大小必然得與人類的手掌尺寸成比例，而自然所製造、能產生自然效果的機械也許非常小，小到看不見。笛卡兒寫道，「能適用於機械的原則，沒有不能用在物理學上的，機械只是物理學的一部分，或是個案（所以，人造物同時也屬自然物）。一只配備齒輪、用來計時的鐘，並不會比一棵從種子迸生、未來將長出果實的樹木要來得不近自然。」太陽發出的熱，理所當然可與地球上的火相比較；煉金術士冶煉的黃金，與地球上蘊藏的黃金是相同的；適合用來理解人造機械的物理學，與瞭解天體的物理學是一樣的；我們發現從「微型機械」的運作，便可掌握所有自然現象之因。十七世紀人們共同的感想是，可以確實掌握的，只有人類可以親手製造，或透過心靈模擬想像的事物。

對現代早期哲學家來說，時鐘是最適合用來理解自然的機械模型。如果我們沿著時鐘譬喻的軸線探索現代早期歐洲文化，就能夠描繪出機械哲學的整體面貌，以及在過去傳統的理解下科學革命的核心概念。機械時鐘在十三世紀末就已出現於歐洲，到了十四世紀中葉，鐘擺大鐘成為大城市的標準特色。早期的時鐘習慣展示出內部的機械構造，讓人充分明白指針報時與背後機械運

作的原理。但到了十六世紀，工匠卻將時鐘內部的機械裝置關入不透明的盒子內，隱藏機械的運作，只讓人看見鐘面上的指針運轉。公共場所的時鐘功能越來越多，也越來越與人群的日常生活結合。舉例來說，傳統利用日晷計時，「一小時」的長度會因季節和緯度而各地不同；若由機械時鐘計時，無論時空如何變化，一小時的長度都能維持一致，不需在意自然宇宙的運轉，或人類不同生活環境的影響。如今，人可以依循機械化的時間規畫生物，而不必遷就人類本身生物性的步調或自然環境的韻律。

　　時鐘和它的規範功能在歐洲社會的日常經驗裡發揮重要的影響力，這座機械隱含了一種巨大的權力、可理解性以及一種邏輯上的結果。機械說，尤其是機械時鐘的說法有一種吸引力，因為它不僅特別易於理解，也很適切地解釋了自然過程不只是粗略地模仿日常經驗的輪廓，也可讓人依此辨識出人類活動的潛力與正當性。換句話說，如果我們想要瞭解機械的比喻在新科學實作中的魅力（這泯除了自然與技藝的分野），最終仍必須瞭解現代早期歐洲社會的權力關係；當時封建制度被早期資本主義取代，生活形態、生產方式，以及政治秩序都正經歷重大的變遷。

　　1605年，德國天文學家克卜勒（Johannes Kepler，1571–1630）宣告「改宗」。根據他先前的信念，行星運動的「動因」來自「靈力」，如今他卻說：「我正汲汲於調查物理原因。我想要說的是，

要讓整個宇宙機器運轉仰賴的並非神靈之力，而更近似於一座時鐘的運作。」1630 年代，笛卡兒詳細類推了機械鐘與所有自然物運作之間的關係，還進一步推到人體的運作，「看看時鐘，還有其他那些機械，這些都是人打造的，但是它們不因為這樣就無法自己持續運作下去。」為什麼人體的呼吸、消化、運動和感覺，不能夠用我們解釋時鐘、人造噴泉或磨坊運作的方式來解釋呢？1660 年，英格蘭的機械論哲學家波以耳（Robert Boyle，1627–1691）寫道，自然世界「是一座巨大的時鐘」。波以耳、笛卡兒和其他機械論哲學家都同意以時鐘為喻是一種哲學上合理的方式，用以理解自然的形成和運轉的機制，如同十六世紀晚期，史特拉斯堡教堂裡的大鐘，以機械零件模擬複雜的（以地球為中心的）宇宙運轉（圖6）。對波以耳來說，將史特拉斯堡的大鐘類比為宇宙不但精確，還有延伸發展的可能性，「為了製造這個神奇機械，必須整合、協調各個零件，終才得以運作。數量眾多的齒輪，還有其他的零件們，各自以不同的方式運作。這些零件不具備任何知識，也沒有經過設計，只是依照預先設定好的功能，各司其職。如此規律、整齊劃一地，就像它們知道自己該做什麼，並且負責地完成自己的任務。」

　　時鐘具備的特色打動了許多十七世紀的機械論哲學家，他們認為「時鐘」是人們瞭解自然時非常適切的比喻。首先，機械

—— 圖6 ——

這是波以耳所提到的第二座史特拉斯堡教堂大鐘。

第二座史特拉斯堡大鐘完成於1574年，但於1640年遭雷擊焚毀。

目前教堂裡的大鐘為第三座，是1870年重建的。

它不只報時，還顯示太陽與月亮的運動周期，計算日、月蝕等。

左方鐘塔上方的機械公雞每日中午都會鳴叫三次，以紀念聖彼得的誘惑。

鐘是件複雜的人造物，由人類設計、製造完成，達成人類希望它達成的任務；時鐘是無生命的，但是它卻模擬出類似智慧生物表現某種意圖的複雜度。如果你不是事前知道有某個聰明的鐘錶匠在背後打造，或許會以為時鐘本身就是有智慧、有意圖的。當時頗為流行的自動機——一種能把人或動物模仿得栩栩如生的機械，也讓一些機械論哲學家印象深刻（例如圖6的機械公雞）。那些機械設計之精巧，的確可能讓不知情的觀者以為它們是屬於自然界的、是有生命的，而這也恰好證明了機械為喻的正當性。有智者很清楚時鐘和自動化機械並不等同智慧生物，充其量只是為他們提供了極有價值的立論依據，他們以此提出具說服力的新哲學體系，還闡釋了自然是如何運作。機械就像個有意圖的行動者，也許還可以代替人類的氣力；這樣的相似性加強了這個機械隱喻說部分的吸引力。但機械到底是機械，是個不具有意圖的行動者，這個不同之處正好又足以解釋機械隱喻的說法。你很有可能發現大自然看似設計精細、彷彿具備意圖，但不必把那樣的設計和意圖歸諸於物質的本質；就像鐘錶匠和時鐘的關係，宇宙裡也許有一位智慧行動者與自然界維持相同的關係，如同第三章會提到，而我們不至將智慧代理人，與其所創造出的無生命智慧物混淆。

時鐘也展現出一種一致性與規律性。如果哲學家認定自然是

以規律的方式運作，機械鐘就非常適合當作模型，用以理解規律的自然運動是如何穩定地產生。大致上來說，機械有明確的架構，人們知道它是如何組成，原則上也可以看出其如何運轉；換言之，機械從頭到尾都是可以理解的。這樣的文化觀透露出沒有什麼事是神祕或魔幻的，也沒有什麼是不可預料的，機械不會無法掌握。於是，機械的隱喻成為某種中介，我們理解自然時不會再那麼「大驚小怪」，或如同二十世紀初的社會學家韋伯所說，替「世界除魅」。機械提供人們研究自然時可能的形式和視野，也幫助人們在解釋自然時能形成適當的問題架構。把自然當作一部機械；專注在自然的一致性，而不是偶然遇到的特例，因為即使品質再好的機械都有可能發生故障意外；盡可能以因果關係去解釋自然，就當它是一部機器；這樣，在哲學上便是合宜、合理，且具有智慧的。

即便如此，我還是必須點出，機械很難避免被視作是神祕的，這可追溯回希臘化時代（Hellenistic period），當時有某派思想認為機械不只是零件的加總。例如，波以耳提到不同文化如何看待機械時，曾說過一個可能是虛構的故事，某位耶穌會傳教士「獻了一只錶給中國皇帝，這個中國皇帝居然認為這只錶是活的」。波以耳自認只要利用形狀、大小、螺旋彈簧和平衡輪就足以解釋錶是如何運作，但他仍舊無法說服中國皇帝這只錶沒有生

命。就像所有已取得合理性的比喻,將自然比喻成鐘錶,意味著當我們將自然與機械並列時,我們對其各自的理解也改變了;而我們很難驗證這個比喻是否恰當。

對於支持波以耳和笛卡兒的哲學家來說,用機械觀點解釋自然,與主張擬人論、萬物有靈論的傳統自然哲學是完全對立的。一般認為機械哲學與那種將自然物賦予目的、意圖和情感的研究非常不同。但機械論也有許多不同版本,有些哲學家在「自然如同由機械零件所構成」的論點上有更多的主張;後面的章節則會針對「機械論的解釋代表什麼」、「機械論的解釋方式會產生怎樣的限制」,以及「哪些領域適合用機械論解釋」三方面提出更多的討論。即使機械論彼此間有這麼多差異,但是所有十七世紀機械論都是相對於傳統的——那個將目的、意圖與感覺能力賦予自然的傳統。

十七世紀很多人都知道,真空泵浦吸水最高不會超過10公尺(圖7)。真空泵浦的這種限制部分歸因於它所使用的材質,例如木質導管的多孔性,部分則會用傳統「自然厭惡真空」的說法解釋[9]。傳統認為真空泵浦可以將水抽高,是因為水厭惡真空,因此試圖升高,以防止頂端形成一段真空地帶;而水升高的限度,便是水厭惡真空的強度。傳統解釋方法的力道在於將自然賦予某種意圖,在這個例子裡便是水上升的量。

──── 圖7 ────

波以耳利用真空泵浦造成導管內的水上升。波以耳在1660年代執行這個實驗時，工匠們和哲學圈就已知道水最高只能升到10公尺左右。受到伽利略1638年作品《兩種新科學》的激發，伯提（Gasparo Berti）在1640年代已經做過類似的實驗，波以耳只是想再確認這個事實。他懷疑之前的器材「沒有很牢固，操作過程和觀察也不夠嚴謹」。為了方便觀察，導管頂端的1公尺左右是用玻璃管做成，再用水泥把下面約9公尺的金屬管加固。波以耳的泵浦可以將水升高的最高記錄為1021.08公分（註：依現今教科書，水的高度為1033.6公分，水銀為76公分）。這棟用於實驗的房子靠近波以耳在倫敦貝爾美爾的住所附近。出處：波以耳，《關於空氣彈力和重力的物理機械學新實驗續篇》（*Continuation of New Experiments Physicomechanical Touching the Spring and Weight of the Air*），1669。

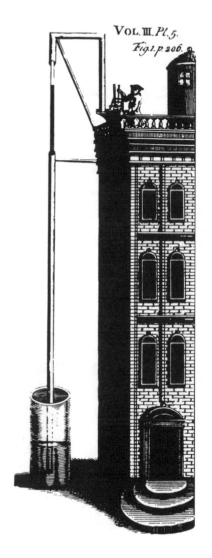

VOL. III. Pl. 5.
Fig. 1. p. 206.

科學革命

The Scientific Revolution

　　真空泵浦現象引發的討論，造成了「新」與「舊」、「機械論」和「亞里斯多德」哲學的對立。1644年，崇拜伽利略的義大利數學家托里切利（Evangelista Torricelli，1608–1647）試圖更完整地詮釋真空泵浦現象；更明確地說，他想確認機械論的解釋才是正確的，而非將流體的行為歸諸於「它害怕真空」。假設真空泵浦裡液體的高度與「恐懼」的存在和強度毫不相關，而與機械論觀點所提出的「平衡」概念有關，那麼真空泵浦「內」有一個水柱的水量，真空泵浦「外」也應該有一個大氣柱的空氣。這表示，當水柱的重量等同於大氣施壓於底部的重量，水柱就會停止上升，托里切利用廣為人知的機械平衡解釋在真空泵浦觀察到的現象。事實上，認為空氣本身是有重量的想法，已經挑戰傳統亞里斯多德「自然位置」的概念，因為對亞里斯多德而言，在自然位置的空氣和水，例如大氣裡面的空氣、海裡面的水，是不會有重量的。

　　水銀的密度約比水大十四倍，根據機械論的觀點，如果將玻璃管的一端封住，注入水銀，倒插進另一個裝滿水銀的盆子，玻璃管內水銀上升的高度應該只有水的十四分之一。經過觀察，果

9　雖不是全部，但是許多古代的自然哲學家認為自然界不可能產生真空的狀態，這是受到亞里斯多德的影響。十七世紀的機械論哲學家在「是否可能產生真空」，或自然界是否充滿了物質——即「充滿論」（plenism）——的問題上意見分歧。

然如此（圖8）。托里切利於是宣告：「無庸置疑，我們生活在整個大氣的底部，經驗告訴我們大氣是有重量的。」很多人認為這個實驗奠立了機械論觀點的地位。托里切利還在這實驗裡發明了第一支**氣壓計**（barometer，在希臘語裡面表示重量和度量）。但不是所有人都如此認為，有些人仍一直堅持「厭惡真空」的說法有**一些**合理性；而且從十七世紀初期到中期，有許多非常能接受機械論的哲學家也贊同「厭惡真空」可能是正確的，例如伽利略便是抱持這樣的信念。

剛開始，法國的巴斯卡也認為托里切利的實驗只是測量了自然厭惡真空的程度，而這個力量的大小可用1005.84公分高的水和55.88公分的水銀量測出來；巴斯卡根本沒有信心能將這些零星、個人的實驗歸納成自然的通則。除非可以同時在**兩個地方**操控重量，不然巴斯卡無法接受將托里切利的實驗與機械平衡論類比的思考方式。1647年底，巴斯卡拜託他的姊夫培里耶（Florin Périer）將托里切利氣壓計帶到法國中部名為多姆山（Puyde Dôme）的火山山頂，觀察隨著海拔升高，水銀高度發生了什麼改變——如果有改變的話。這個實驗於1648年9月進行，培里耶出發前將一支類似的氣壓計留在山腳修道院的僧侶手上，當作「對照組」。根據培里耶的報告，在山頂（比起始點高了900多公尺）的氣壓計，水銀柱高度比山下低了7.6公分；這是因為在山頂大氣施加

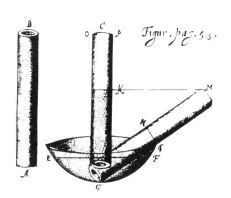

AB, *A Tube of Glass, replete with Quicksilver.*
A, *The lower extreme thereof, hermetically sealed.*
B, *The upper extreme thereof, open.*
DC, *The same Tube inverted, and perpendicularly erected in a vessel full of Quicksilver: so as the orifice D, be not unstopped, until it be immersed in the subjacent Quicksilver.*
HGI, *A vessel filled up to the line EF, with Quicksilver: and thence up to the brim HI, with Water.*
CK, *The Vacuum, or Space deserted*

by the Quicksilver descended.
OCP, *The quantity of Aer supposed to have insinuated it self at the subduction of the finger from the inferior orifice D.*
KM, *A Line parallel to the Horizon.*
LM, *The same Tube again filled with Quicksilver, and reclined until the upper extreme thereof became parallel to the same horizontal altitude with K.*
N, *The distance of 27 inches from L, as K from D.*

———— 圖8 ————

這個托里切利實驗的圖示出自查爾頓（Walter Charleton，1620–1707）的
《伊比鳩魯－伽桑狄－查爾頓物理學》（*Physiologia Epicuro-Cassendo-Charltoniana*，1654），
這是一部十七世紀復興希羅時代原子論的開創性著作。它描繪了
1640年代托里切利最初的實驗。查爾頓主張水銀柱的頂端是沒有空氣的。
當水銀柱從垂直變成傾斜（如右邊那根玻璃管），水銀會填滿之前空著的空間。
他以問代答，如果玻璃管的頂端是封住的，也沒有氣泡從裝滿水銀的盆子裡跑出來，
那麼原先假定存在的空氣可以跑到哪裡呢？

於氣壓計的重量比在山腳輕。在此之後，人們公認氣壓計是測量空氣重量的可靠方法，而巴斯卡也宣告自己轉向支持機械論的說法，「所有原本以為是厭惡真空的說法，其實都源自空氣的重量與壓力，這是真正且唯一的原因。」[10] 機械論哲學家喜歡用無生命物，例如空氣的重量，來解釋其理論；更勝於意指物質具有厭惡的意圖。

　　許多機械論哲學家傾向將他們對自然的解釋，與那些援引「神祕」力量的說法加以區隔。例如，文藝復興時期存在一種「自然魔法」的傳統，認為兩個物體之間雖然隔著距離，但仍會藉由神祕的力量，產生共感、互相吸引或排斥的現象。神祕力量的效果可從表面觀察，但其作用方式卻隱而不顯、不為人所知（這也是他們被稱為「神祕」的理由），也無法用一般可感知到的「外顯」性質說明。從占星學的角度認為天體（例如行星）會影響地球上的事物，太陽會使頭髮變白，大黃（rhubarb）可當成通便劑，磁鐵會吸鐵，這些都是藉由召喚神祕的力量而來。人們可感受到神祕力量的存在，但光從行星、太陽、大黃、磁鐵明

10 也有實作者在其他山頂複製多姆山的實驗。雖然這個實驗對於巴斯卡的轉向非常重要，但那些實作者並沒有辦法複製出同樣的結果，而他們也有一套解釋水銀柱高度下降的原因，例如溫度改變之類的，顯示不見得要完全接受機械論的說法。至於空氣的「重量」與「壓力」該如何區分，將會在下一章處理。

顯露出的外貌，無法得知神祕力量究竟如何運作[11]。人的身體（小宇宙）也透過一連串的神祕力量與宇宙（大宇宙）相互感應。但絕對不是所有新派的哲學家都貶低神祕力量的合理性，至少不是反對占星傳統的某些主張。天文學家當中，克卜勒和同時代的第谷都專精於占星學；培根和波以耳雖然對占星學過分武斷的預言表示懷疑，但也全心全意地接受天體會影響地上事物這項原則。我們知道不具形體的聖靈、巫術，以及惡魔，在機械論哲學裡的地位有所爭議，它們塑造特定主張之真實性的方法備受打壓，但在 1660–1670 年代，波以耳和他倫敦皇家學會的同事們毫不懷疑聖靈、巫術、惡魔在自然界的影響力。對神祕力量表示懷疑是新科學實作的特色，但在另一方面，新科學也試著將神祕力量轉譯成物質性與機械論的語彙。

　　亞里斯多德哲學是機械論哲學的主要對手，「文藝復興時期的自然主義」傳統則是另一個。「自然主義」深植於整個文化當

11「神祕」的意義在現代早期經歷了某種變化。對機械論哲學家來說，稱某種解釋是神祕的，是種指控。例如，若機械論傾向的實作者沒有用因果關係解釋某種效果是如何產生，就會被其他哲學家指控為這是重新引介不可靠的神祕力量，就像十八世紀初期牛頓和萊布尼茲關於引力的爭辯；關於這場爭論，本章後面將會提及。近來學界盛行的看法是：近代自然哲學家改變了「神祕」的意義，原本是隱藏的、無法感覺的，現在變成可以看到效果，但無法用機械論、粒子論來理解。事實上他們重新引介了神祕的性質，但同時又反對了神祕性。

中，從十七世紀貫穿到十八世紀的文化與社會實作，許多受機械論吸引的人為此不斷受到干擾。然而，這個對立關係也催生了機械論自然觀的誕生與發展。十七世紀早期，法國天主教小兄弟會的修士、哲學家暨數學家梅森（Marin Mersenne，1588–1648）意識到文藝復興時代的「阿尼瑪蒙迪」（anima mundi）學說（或稱世界靈魂學說）如果復興，將會帶來可怕的後果。這個學說主張萬物充滿生命，並將上帝與自然連結。梅森擔心這樣的學說會替神祕信仰與實作帶來合理性，更令他煩惱的是，這也會賦予異教信仰合理性，他擔心如此隨意將超自然力量投射在其他事物上，反而模糊了宗教上對於自然與超自然的重要界線，最後對基督信仰與基督教會產生不良影響。

　　文藝復興時期的自然主義認為這個世界充滿了主動性的力量，傾向不以超自然實體（即上帝）的角色解釋事物；這在基督教教義中應該是要極力反對的。亞里斯多德學派在原則上擁有對抗自然主義的強力論點，例如支持靈魂不朽和反對決定論，但是仍然不能有效地回應自然主義的挑戰；有些自然主義的說法，亞里斯多德主義也無法提供具有說服力的解釋加以反駁，例如磁石的相互吸引，以及草藥的治療能力。梅森認為無法成功反擊自然主義的根源在「物質具有主動性」的概念，而根本的解決方法就是提供一個「物質是完全被動與無活動力」的解釋框

架；換句話說需要的是一套適合與機械觀搭配的形上學理論[12]。在這樣的假設之下，自然與超自然的界線就可以維持，而「物質是被動的」這個假設也的確是十七世紀機械論的根本基礎。梅森提供了一種看待物質的適切觀點，對機械論的發展有很大貢獻。1630–1640年代，他的朋友笛卡兒進一步闡明他的論點，霍布斯、波以耳等人尾隨其後。但綜觀十七世紀，「物質是被動」的觀點雖然在機械論哲學裡具主導地位，仍斷斷續續受到來自哲學界與一般觀念的挑戰；而且為了解釋特定的事物，這個觀點也發展出差異頗大的版本。

機械論者的信條是，只要是自然界真實的現象，都可用機械式和物質性的原因加以說明，這樣的解釋並沒有超過一般人可理解的範圍，難怪培根對所謂「武器藥膏」的故事表示懷疑。「武器藥膏」的故事是說，一個傷口若是被特定武器所傷，只要將藥膏塗抹在造成傷口的武器上（例如刀或劍），就能治癒；即使造成傷口的刀或劍與傷口相距五十公里之遙。但是培根對這種說法持保留態度，他認為應該要有更多嚴格的試驗。也許以

---

12 形上學探討哲學上的「第一因」，包括致力刻劃事物存在的最終本質。有些近代哲學家視形上學為自然哲學的重要元素，甚至是自然哲學的基礎，但也有些人相當排斥，認為形上學的思辨不是科學應該探究的範圍，而把形上學當成是一種深奧、抽象，不能用普通方式定義的哲學。

物質性原因解釋是一個相較之下可行的做法，但是重要的是必須先確認這個「武器藥膏」的說法是否屬實[13]。培根也考察許多有關「植物具有相互同情、相互厭惡之情的古老傳統和說法」。傳統認為，某種植物因為在某種植物旁邊，而長得特別好的情況，可以用神祕的共感之情來解釋。但培根認為「如此神祕的友誼與厭惡」的說法根本「完全錯誤」，他認為應該用世俗的原因來解釋這些真實存在的效果，例如鄰近的植物可能從土壤吸收了相同的養分之類。

1660年代中葉，英格蘭的醫師和自然哲學家為了愛爾蘭醫生葛瑞翠克（Valentine Greatrakes）「一觸即有效」療法的真實性，與如何適當解釋此療法，爭論不休。許多可靠的資料都證實，葛瑞翠克的確只將手放在病人身上，就治好了病患的淋巴結結核、潰瘍，以及腎結石。波以耳相當謹慎地論證此事的真實性，並提供一個算是權宜之計的機械論，以解釋其運作的原理。他說自己不相信有什麼療法是完全超自然的，所以盡力提出物理

---

13 即便培根對此表示懷疑，但是武器藥膏（也有人稱為「共感之粉」）在十七世紀相當受具影響力者的支持。英格蘭仕紳、哲學家、最後成為倫敦皇家學會會員的狄格拜勛爵（Kenelm Digby，1605–1665）就頗為滿意其功效——他曾使用武器藥膏治療連國王的外科醫生都無法治癒的受傷武士。之後狄格拜勛爵結合機械論和神祕共感的解釋，說明藥效是如何運作。從某方面來說，這樣的解釋方式在十七世紀並不算太特別。

性的解釋。他提出這也許是葛瑞翠克將某種「可治病的氣體」（sanative effluvia），轉移到病人那一端，所以是可治病的氣體發揮了療效。用氣體來解釋完全不需觸及神祕或超自然，算符合機械論式的說明原則。「一觸即有效」的療效看似神奇，背後其實是機械論的運作原理在上帝所創造的自然裡發揮效果，無需求助任何神祕或非物質性的解釋。

將性質加以數學化

在波以耳的概念中，機械哲學只有「兩個主要原則」——物質及運動；除此之外，沒有更基本、更簡單，解釋範圍更廣，解釋力更強的原則。物質及運動就像英文字母，僅有二十六個，卻可組合出各式各樣、數不盡的單字。所以，只要在設想適當的自然哲學實作之下，自然界的每一件事都應該可以用最基本的物質性質與運動狀態來解釋；正因如此，對自然界提出的所有解釋，就應該如同解釋機械運作一般。不應該有神祕的事物，解釋內容必須符合特定的形式與項目，包括形狀、大小、排列，還有相關組成物質的運動方式。

十七世紀機械論哲學家還將這樣的觀點回溯到聖經，以確認其合法性。舊約偽經《所羅門王智慧》傳世之言即有，上帝「早

已將事物的數量、重量和大小安排好」。中世紀時就已不時出現類似觀點，十七世紀則有更新的發展，進一步將物質和物質運動的原則推舉為自然哲學的關鍵，如果自然哲學的解釋沒有提到這兩點，它就隱含被歸類為不可理解的風險，甚至稱不上是哲學。

機械論哲學家間雖然有共識，但對特定自然現象的解釋重點和內容，卻各家不同。笛卡兒傾向仔細闡明無法被我們感受到的物質之大小、形狀、運動方式、互動模式，是如何產生不同的結果。他認為所有物體都由三種「元素」組成，物體的大小、形狀縱有差異，但都具有相同的基本物質；這三種元素的大小依次是「火」（最小）、「空氣」、「土」（最大）[14]。有些物體比較「純粹」，例如太陽和恆星，是由單一的火元素所組成，有些則「混合」了不同的元素，我們一般日常所遇到的物體，包括生物，大多如此。笛卡兒的物理解釋包含了組成物體的粒子，以及粒子的運動狀態。

---

14 就像亞里斯多德學派，笛卡兒並不承認自然界有真空的存在，於是他的第一元素其粒子沒有固定大小和形狀，相撞後會分裂和變形，以「適應它所進入的新空間」。他堅持物質粒子可以不斷分割下去，而這樣的堅持使他的物質理論與當代「原子論者」，例如伽桑狄，和他在英格蘭重要的代言人查爾頓看法有所差異。粒子論或粒子論的主張不見得完全等同原子論，原子論主張所有的物體都是由不可見、不可穿透、不可分割的單位所組成。

　　例如磁學就是透過環繞地球的渦旋所產生的螺旋狀粒子得以解釋，而這些粒子剛好吻合鐵的細孔（圖9）。在磁石與鐵片之間流動的粒子會將空氣擠出，使得磁石與鐵片吸在一起。磁石具有兩極的現象可以用順時針、逆時針旋轉的螺旋粒子加以解釋。人體的運作也可以類似的方法解釋，只不過其被視為「普通的機器」。消化是一種熱誘導的分解食物過程，最糟蕪的粒子下行，最後從直腸排出，最精純的粒子從大小合適的孔洞流到腦部和生殖器官。人體的「活力」則由血液中最小、也最高度活躍的粒子組成，先流到腦部的腔室，再沿著中空的神經到肌肉，最後產生感覺和動作；這一系列的解說方式和使用的辭彙，就如同在解釋人工噴泉和機械裝置。現代人所謂的「反射動作」，也可以用適合的、特定的機械論辭彙加以解說。圖10裡，火的粒子A非常迅速地移動著，以致於有足夠的力量穿過鄰近的皮膚B，沿著神經線cc打開位於腦部的孔洞de，「就像在這端拉動線繩，同時讓掛在另一端的鈴鐺響起一樣。」當孔洞打開，位於腦腔F的「活力」流進神經線，並沿著神經線一部分被帶往將腳撤離火的肌肉，一部分被帶往將眼睛與頭轉向火的肌肉，還有一部分則被帶往可以讓手舉起、並屈身自我保護的肌肉。

　　笛卡兒發展了如此精細的微觀機械論，相對於此，英國的機械論哲學家則是跟隨波以耳，採取一種比較謹慎的研究方式。

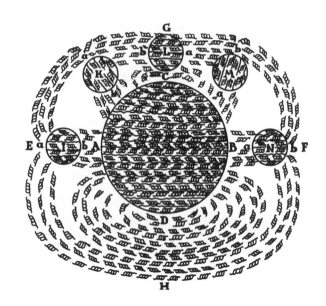

————圖9————

笛卡兒解釋磁力效應的圖解。出處：笛卡兒，《哲學原理》，1644。

────圖10────
笛卡兒解釋反射動作的圖解。出處：笛卡兒，《人性論》（*Treatise of Man*），1644。

波以耳相信世界起源於具同質性的「統一物質」（universal matter），此物質後來分化成「不同大小、形狀的粒子，有著不同的運動方式」。（也是基於這個原因，對於新哲學被稱為「機械論」或「粒子論」這點，波以耳欣然接受。）這些粒子會聚集成團塊或群簇。波以耳依照各個粒子不同的空間分布，或稱之為「紋理」，來區分這些團塊或群簇。由於粒子有不同的運動方式、大小、外形、配置，導致事物具有不同的性質和屬性，改變粒子的紋理或運動狀態，就能改變事物的屬性。波以耳和笛卡兒不同之處在於，波以耳對於從機械原則推論到機械個案的態度比較謹慎，下一章就會看到波以耳在解釋空氣壓力時，同樣謹慎的表現。可以確定的是，機械論可被世人理解，重點是其掌握了物質和運動的解釋原則——自此，我們可以借用日常世界裡普通大小的物體，以具體可見的方式，建構看不見的粒子世界。

有些哲學家預測，新發明的顯微鏡可在不久的將來，將粒子具體呈現在人類眼前；畢竟，儀器不就已經使得看起來平順的表面，微觀之下展現出凹凸不平的質地（圖11）？荷蘭顯微鏡學家雷文霍克（Antoni von Leeuwenhoek，1632–1723），受到笛卡兒物質理論的啟發，很早就認為所有的物體都是由微小的「球」所組成；因為在他顯微鏡的長期觀察下，同樣的小球不斷重複出現。英格蘭的顯微鏡學家和實驗主義者虎克比較保留，他認為

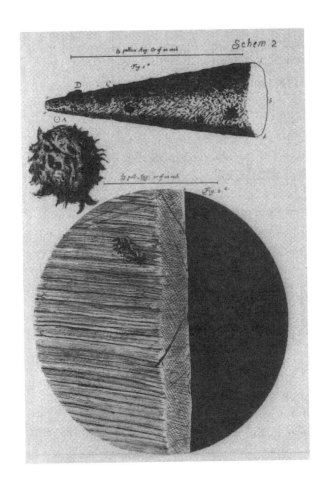

─── 圖11 ───
顯微鏡下放大的日常事物。來自虎克的《顯微圖譜》，
最上面的是一根針的針尖，中間是印刷品上的句點，最下面是鋒利剃刀的刀緣。

不斷改良顯微鏡，**最終**可以見識到「構成物質的粒子」；虎克的同事波以耳更加謹慎，他表示「如果我們的眼力更銳利，或有完美的顯微鏡（恐怕這是一種奢望而不是希望），藉由增強感官能力，我們也許可以察覺到極微小粒子的尺寸、形狀和形態」，例如，這些極微小的粒子正是色彩的成因。持相似看法的虎克認為，顯微鏡可以使現象背後「自然的微小機械」現形，如此「神祕性」將失去生存空間。但大多數的實作者仍接受，人類視覺無法經驗到粒子世界這個現實，而這一點可能永遠都無法突破，所以粒子論必然涵蓋某種**假設性**；也就是說，粒子世界的真實性永遠無法透過感官經驗獲得**證實**。

粒子論被推崇為哲學上大有可為的方向，可用以理解日常物體的行為。顯微鏡揭露了原本隱而不見的事物，呈現出各式各樣的不同面貌，使得粒子論的可信度增加，也讓越來越多的自然現象在原理上得以符合物質及運動的解釋。波以耳也像笛卡兒一樣，以粒子的大小、形狀、紋理和運動來解釋廣泛的自然現象；但他又不同於笛卡兒。波以耳很少明確指出某些現象（例如磁性、冷、酸）其對應粒子的尺寸、形狀、紋理。波以耳只在原則上闡釋粒子論。因此十七世紀粒子機械論的形態有很多種，從方法學上的普遍性，到講述特定例子的都有。

粒子論和機械論的哲學家非常希望能夠提出一套解釋，說

明一般物體的性質，像是冷、甜度、顏色、彈性，或其他屬性，但他們透過的卻是無法被觀察到的粒子，而且這些粒子本身並不具備它所要解釋的這些屬性。如果有人問，為什麼玫瑰看起來是紅的，聞起來是香甜的時候，這個答案不再會是——因為玫瑰是由紅色或香甜的成分所組成。這點正是十七世紀哲學家批判亞里斯多德派的重要立論。一方面，機械論被宣揚為唯一可被理解的學說，另一方面，它最終所指的粒子，卻是人們日常生活裡完全經驗不到的。

粒子與日常經驗的不同最後通常會導向「主要性質」和「次要性質」的區分。這樣的區分在十七世紀的哲學裡無所不在，但卻沒有一個統一的版本。希臘「原子論者」德謨克利特（Democritus，約西元前460–370）和伊比鳩魯（Epicurus，約西元前341–270）曾經提及這樣的區分，但是最先明確點出的是伽利略1623年的作品《試金者》（The Assayer）。伽利略提到人們普遍都有感覺到「熱」的經驗，在主觀感覺的敘述裡，「這個茶壺是熱的」的說法並沒有錯。弄錯的是，人們誤以為「熱是一個真實的情況、真實的屬性、真實的性質，『熱』真的存在於使我們感覺到溫暖的物質裡面」。我們想到一件物體時，很難不想到它特定的形狀、大小、運動狀態，但卻可以輕易拋開紅色、甜味、熱度等屬性。後者是我們與特定物相遇時，它們帶給我們的感官刺

激，但不屬於物本身，「味道、氣味、顏色等，是我們賦予物體的名詞，事實上它們只存在於人類自己的意識裡。」

主要性質是那些**真正屬於物體**的性質：形狀、大小、運動狀態。它們被稱為「主要性質」（有時稱為「絕對性質」）是因為我們不可能在沒有這些性質的情況下描述某物或某物的組成物。次要性質，例如紅色、甜度、溫暖等，乃是從物體的主要性質衍生而來。對粒子論哲學來說，組成物本身並沒有紅色、甜度、溫度，而是組成物的大小、形狀、排列方式和運動形態，在我們身上產生了主觀的效果。所有自然事物帶給我們的各式經驗都可以透過機械論簡潔明瞭的「主要性質」獲得解釋，這些主要性質必然都可在所有物身上找到，而不是只能在玫瑰、鐵棒或磁鐵那種，特定類型的物才找得到。就像英格蘭哲學家洛克（John Locke，1632–1704）所說的「物本身並不具備我們人類概念中的那些東西」。我們擁有的甜、紅、暖那些想法，只不過是「物體的體積、形狀和運動」對我們產生的影響。於是我們對於物的想法只有一些可視為是客觀的（可以對應到物本質的），包括我們對物的形狀、大小和運動的認知。至於其他的經驗和想法則被視為是主觀的，因為那些是我們感官主動在真實的主要性質上加工的結果。我們經驗到玫瑰時，並不是井然有序地經驗到主要性質、次要性質的加總，我們是一下子就感受到玫瑰

科學革命

The Scientific Revolution

本身：紅色、大致上是圓形、聞起來很香、直徑7公分左右等。主要性質與次要性質的區別就像哥白尼的世界觀一樣，劃下了哲學與常識間的差異。微觀機械論所揭示的真實比日常經驗所體驗到的真實更優越，主觀經驗被客觀解釋抨擊。人們被告知，實際的感官經驗不可靠，無法成為認識「真實世界」的指南。歷史學家伯特（E.A. Burtt）提出，這種基本的差異朝著「人類自身的解讀不屬於真實，也不屬於主要性質」的方向跨出了一大步，人類和人類經驗再也不是「萬物的尺度」。

做這樣宣稱的同時，機械論哲學家不只與日常經驗和常識對立，也與亞里斯多德的中心學說「實質形式」（或稱「真實性質」）對立。中世紀和現代早期的亞里斯多德學派會將物質與物的形式加以區別[15]。大致上說來，大理石是物質基礎，是亞歷山大大帝和他馬兒的塑像之所以成形的基礎。我們可以用任何一塊大理石，打造出任何人、事、物的雕像，所以大理石這種「物質」並無法完整解釋這座雕像。只有「形式」，這個非物質性的秩序原則，才是真正讓大理石表現出亞歷山大和他馬兒的原因。構成某物的「物質」並不具備物本身的屬性，是加附在物質上

15　嚴格說來，被十七世紀現代論嗤之以鼻的「實質形式學說」，是中世紀的經院哲學家從亞里斯多德著作原典發展而來，歷經十六、十七世紀的演進。但是這個學說是否真的屬於亞里斯多德本人，學術圈內尚有爭議。

的「形式」使得「這種」或「那種」的特定物成形。形式才是真正使物成形的關鍵，形式雖不是物質，但附在物質上。同樣地，實質形式也可用來解釋玫瑰和老鼠。實質形式在物質基礎上賦予了玫瑰「玫瑰屬性」、老鼠「老鼠屬性」。雖然任何單一的玫瑰或老鼠另有其個體特徵，以別於整個群體，但這純屬「偶然」，與使其成為玫瑰或老鼠的實質形式沒有關連。所以對亞里斯多德學派而言，任何對物體的解釋都具有不可化約的質性特色：事物本身是什麼就是什麼，不會是其他的，因為在它們身上就有它之所以被歸為某類的真正性質。事物的形式塑造了我們日常的感官經驗，因此，「世界是如何」與「我們實際上是如何經驗世界」，兩者之間是相對應的。

「實質形式」成為機械論哲學家最樂於嘲笑的對象，從另方面來說，對實質形式的反駁有助於突顯出：什麼樣才算是提出一個稱得上是機械論的、具解釋力的解釋。對培根來說，亞里斯多德所謂的形式只不過是「人類自己心靈上的臆測」。波以耳認為，亞里斯多德以為形式不是物質，而是「從屬於」物質，這實在荒謬。由於這些實質形式無法得到物理上的解釋，因此以「物質—運動」為宗的機械論哲學排斥談論實質形式。實質形式屬於神祕、不可理解的，所以不是自然哲學應該討論的。洛克同意非物質的實質形式無法形成可理解的觀念，他說「當我被

告知物體除了形狀、大小、物質基礎之外，還有『實質形式』時，我得承認我根本不知道那是什麼」。對霍布斯而言，所有「非具體物質」（實質形式只是其中一項）的談話都意味著某種意識形態。這種說法占據亞里斯多德自然哲學的中心，正好與教士掌控哲學的情況相對應；那些教士運用「實質形式」、「本質」和「非物質」的概念爭奪國家權力，震懾大眾，使人們感到敬畏。在機械論的定義下，並沒有附加於物質之外的形式或本質，物質就是它們的本質。如果有事物既不是物質，也無法具體顯現，那就是神祕、難以捉摸、不易理解的，也就不屬於機械論哲學的實作範疇。

如我們所見，機械論哲學家不斷重申他們的解釋方式是唯一可被理解的，這一點相當重要。如果不瞭解機械論與亞里斯多德派在「可理解性」的差異為何重要，就無法理解人們如何可能欣然接受機械論，又如何排拒非機械論。除了這點，機械論仍然有其他值得我們特別檢視的基本架構和視野。機械論從自然實體的結構——組成零件、構造、運作，去解釋其複雜的特色和行為。因此機械論的解釋通常是微觀的。例如解釋「熱」的現象時，會提到熱的粒子，它們快速移動、互相撞擊，所以形成熱；或者在下一章將會提到的，機械論解釋空氣壓力的現象時，會提到組成空氣的不可見粒子及粒子的彈性特點。

　　機械論容易讓人理解是因為它以日常經驗為例。人們可以在日常經驗中用機械論的方式產生類似的效果，那些是非常具體、可見的例子。比如我們快速摩擦棍棒或雙手以產生熱，不斷抖動身體避免身體變冷，這些是日常經驗，並且很容易理解。（這說明了某項知識越能清晰明白地解釋事物，就越有潛力去建構更多的研究對象。）但是機械論不只想解釋一些自然現象，他們還想解釋所有的自然現象。笛卡兒的《哲學原理》（*Principles of Philosophy*，1644）便包括了所有的自然現象，物體間的引力、流體與磁石的現象、地震的成因、化學結構的組成、人體的移動、人體感官基礎等諸多現象，並下了一個斬釘截鐵的結論「自然界沒有任何現象不能被如此看待」，沒有任何現象不能用機械原理解釋。

　　雖然微觀的機械論可以用於思考所有的自然現象，但是，並不是所有的機械論解釋都援引了來自人類一般經驗尺度之內的事物。以人的感覺為例，笛卡兒在解釋人感覺到火的熱度，並離開火的動作時，進一步擴及到液壓原理和液體、瓣膜、氣管開闔的機械運作。但是，這既不像機械論以微觀的方式對「熱」加以解釋，也不像對空氣壓力的說明，根本沒有辦法對應到一般尺度下的日常經驗。一些比較嚴苛的歷史學家和哲學家思忖，機械論宣稱其普世的「易理解性」，是否只是實作者彼此

之間**協商**的結果，總之他們就是要宣稱機械論比其他理論更具解釋力。當機械論哲學家用組成粒子表面粗糙或滑細的「紋理」來解釋香味或臭味、美味或怪味時，他們是否真的提出比亞里斯多德學派高明的解釋？這套說法真的比亞里斯多德學派更具解釋力嗎？歷史哲學家蓋比（Alan Gabbey）不這麼認為。他說，機械論哲學的道理是這樣的，「粒子的結構造成某個有待解釋的現象。以前人們會這麼解釋：鴉片讓你昏睡，是因為鴉片有一種讓人昏睡的特性；現在則會這麼解釋：鴉片讓你昏睡，是因為鴉片的粒子結構作用在人的生理結構，所以使人昏睡。」這樣說來，機械論哲學其實並不像其支持者所宣稱的那樣，具備優越的可理解性和說明能力。因此後代追隨者**堅信**機械論比其他理論更優越和更具可理解性的這種現象，不能只在抽象的哲學範疇解釋，而是需要被放在歷史脈絡下研究。

自然界的數學結構

常常有人認為「物質—運動」世界的機械圖像，「隱含」了用數學看待自然的觀點。的確，以機械論看待世界，原則上很容易變成用數學來看待事物，許多機械論哲學家也堅持數學在理解自然時的角色非常重要。例如，波以耳同意這個世界由大

小、形狀、排列順序、運動方式皆不同的粒子組成，原則上適合用數學來研究。雖然當時自然哲學家普遍將機械論和數學緊密地「結合」，用以作為解釋的架構，但真正將機械哲學數學化的非常少，而且有能力將物理原則或定律數學化的人，不見得熱衷於機械因的解釋。也就是說，雖然自然哲學的數學化是十七世紀科學實作的重要特色，但機械論與數學之間的關係是否真的如此緊密，仍然值得進一步探討。

十七世紀對於用數學詮釋自然哲學的表現充滿信心，這樣的樂觀可追溯至遠古。近代自然哲學家回溯大師畢達哥拉斯，特別是柏拉圖（約西元前427–347），強調用數學看待世界的正當性。柏拉圖的名言就是，「這個世界是上帝寫給人類的教誨之書」，「這個教誨是用數學符號寫就」。伽利略主張，因為大自然的結構充滿數學，所以自然哲學在形式上也應該是數學的。不只機械論或粒子論的哲學家們，其他近代的自然哲學家普遍也都同意這一點，數學是最明確的知識形式，也是最有價值的知識。但對於專注研究大自然的人而言，更重要的問題是，數學該「如何」以及「以何種方式」應用在解釋真實的自然物，它可以解釋實際發生的物理過程「到什麼程度」。以數學的方式研究自然界基本上應該是可行的，但是足堪使用嗎？在哲學上是正確的嗎？十六、十七世紀的自然實作者在這一點有重大歧見。

有些具影響力的哲學家堅信科學的目的就是找到可以用數學形式表達的自然法則，但有些哲學家持懷疑態度，充滿意外且複雜的自然過程真的能夠用數學來掌握嗎？整個十七世紀，一直有大人物質疑數學的「理想化」（idealizations），像培根和波以耳就說，抽象地思考自然時，數學可以解釋得非常好，但是遇到具體的實際例子，數學就顯得不靈光。伽利略的自由落體定律指的是理想物體在沒有摩擦力條件下的運動，但現實裡少有，或幾乎沒有物體依循自由落體定律。伽利略宣稱「物體的運動遵從數學原則」，但被討論的物體充其量只能說「趨近」日常經驗中的物體。問題來了，自然哲學應該朝向數學的理想世界，或者朝向具體、充滿個體性的真實生活領域發展？是否有折衷的方向，這個問題我們會在第二章回頭討論。

克卜勒是最熱血的柏拉圖派，他在1596年《宇宙的祕密》（*Mysterium cosmographicum*）一書裡宣稱，在對哥白尼的宇宙稍作修正後，他發現各大行星與太陽之間的距離有驚人的巧合。當時已知的六大行星軌道與太陽的距離比例，竟恰巧等於用五種柏拉圖幾何學的正多面體，相互外切和內切，其「球面」到正多面體的比例，這五個正多面體分別是：正方體、正四面體、正十二面體、正二十面體和正八面體（圖12）。在巨大的正方體內切一個球面，代表最外圍的行星土星的軌道，之後疊套下去，

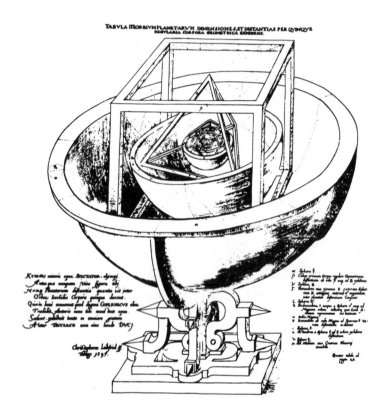

———— 圖12 ————
克卜勒的圖解顯示「五個規則幾何立體所建立的⋯⋯不可思議的天體比例」。
出處：克卜勒，《神祕的宇宙》，第二版，1621。

在正四面體內切一個木星軌道的球面……之後是火星軌道的球面，以此類推。克卜勒發現行星體系的結構竟然遵循著幾何秩序，他說這是因為「上帝在創造宇宙、制訂宇宙秩序的時候，使用了畢達哥拉斯和柏拉圖以降已知的五種標準幾何空間……祂根據五種幾何的尺寸，修正天體的數目、位置和運動關係」。熱愛數學的天文學家發現上帝也是位數學家，創世主運用幾何數學支配行星之間的距離。宇宙數學模式的和諧說明了世界是如何被創造，以及依循何種法則運作。因為上帝使用數學法則創造自然，所以自然本來就依循數學法則運行。

「自然依循數學」的概念讓在自然哲學裡加入數學概念的行動更加順理成章。若自命為自然現象的調查員，科學實作者著重具體的證據，並試著賦予其意義；但身為一個數學家，他們嘗試建立自然世界背後的「樣式」（formal patterns），也許正是這些樣式讓世界如此成形。這種信心在現代早期達到最高點的時刻，就屬牛頓（1642–1727）在1687年的著作《自然哲學的數學原理》（*Philosophiae Naturalis Principia Mathematica*）。世界是一座機械，遵循著以數學形式和數學語言表達的規則；數學和機械論一起融入了自然哲學的新定義當中。

當時許多人認為牛頓將機械論哲學臻至完美境界，歷史學家則認為牛頓的理論堪稱科學革命的最高峰。牛頓將伽利略以

來的成就又再推進一步，擴大了這套自然哲學可以應用的領域。《數學原理》一書用數學將天體和地球上的力學整合統一。牛頓證明了運用兩種運動就可以解釋克卜勒原本描繪的橢圓軌道，一種是慣性運動：行星會以等速直線運動，從切線方向飛出它們的軌道；另一種是太陽和行星間向心性的萬有引力，以太陽為中心拉引著行星。所有物體（不論天體或地球上）不是等速往直線方向移動，不然就是靜止不動；所有物體（不論它們是什麼）都會感應到彼此之間的萬有引力。萬有引力無處不在，其作用力大小與物體間的距離平方成反比，可用數學公式 $F = G(mm'/D^2)$ 表示。G是一個常數，不論火星與太陽之間、火星與水星之間，或是你手中的這本書和下面的地球之間，引力大小都是一樣的。牛頓說：「所有的物體自然而然都被相互之間的萬有引力定律所統御。」

這章一開頭我們提到伽利略如何描述太陽黑子，那種將世界同質化與客觀化的步調，在此又向前邁進了一步。歷史學家把牛頓的成就視為對「宇宙秩序的破壞」。雖然傳統思想，甚至許多現代早期思想認為，宇宙是個異質的有限宇宙，但牛頓斷言宇宙擁有無限的空間，如同歷史學家夸黑所說宇宙「被相同的基本物質和定律」統一，整個宇宙天體與地球或其他星體之間沒有任何物理性質的差異，「天文學和物理學互相定義，彼此

科學革命

The Scientific Revolution

合一，因為它們都是幾何學。」同時，有關宇宙的「正確知識」也變得客觀，不時有人這麼說，在這個「抽象物體移動於抽象空間」的同質世界裡，已容不下「意圖性」這個概念[16]，只存在著物質性的原因。所有的自然過程都被認為發生在抽象的時空，放諸四海皆同，不會被認為只是在特定地點所發生的事，也不會被人類的主觀經驗所限。牛頓在《數學原理》裡寫下新的科學實作定義：「新科學自身和它的本質，在絕對的、真實的和數學的時間裡進展，與任何外部的事物無關……在絕對的空間裡，總是保持相似與固定不動，與任何外部事物無關。」新科學創造了抽離在地、跳脫侷限和主觀領域的時空；因此新科學是完美無缺的。

即使眾人都同意牛頓完成了伽利略提出的課題，但關於「牛頓是否已將機械論哲學臻至完整的境界」這個問題，從過去到現在依然有相當多不同的意見。將宇宙統一在一起的萬有引力可以用數學式子表達，其也展示出某種模式的可行性：從對真實事物的觀察中，「演繹」（牛頓語）出以數學為表達方式的定律，達成物理上的確定性。但是這樣的科學概念所付出的代價就是不再探究物理上的原因，牛頓坦承「我無法知道萬有引力

---

16 第三章會對此做更深入的描述，因為它是傳統解釋科學革命時很重要的特質。

的原因，我也不想捏造任何的假設」。他的意思是「對那些力量只要用數學概念加以解釋就好，不需探究其原因。」數學化也許與尋求機械的、物質的或其他原因的走向相違背。有人認為牛頓的科學事業擁抱了數學公式，放棄了對原因的探究，但也有人讚揚牛頓擴大了因果機械因的解釋範圍。

然而，更要緊的是，牛頓在自然哲學中重新引介，或至少是強調非物質「主動的力」概念的重要性，特別是他認為不應該化約為機械論原則的現象，例如磁力、電力、毛細現象、植物內部輸送水分的聚合力、發酵和生命現象。雖然有人認為機械論式與物質式仍是較好的因果解釋方式，若是這樣，牛頓的解釋便無法使他們滿意；第三章我們將從宗教因素與哲學脈絡更加強調牛頓的這個觀點。牛頓的對手——德國的萊布尼茲（Gottfried Wilhelm Leibniz，1646–1716）就對他強烈抨擊，說他透過偉大文化資產——數學，重新引介神祕原理，放棄將整個宇宙以機械觀點理解的夢想；但牛頓堅持他並沒有與機械論背道而馳。對萊布尼茲和其他人來說，構成可理解的最重要條件就是提出機械因，即便可能出錯。但牛頓並不如此認為（例如萬有引力），所以他的解釋被認為是神祕且無法理解的。對於牛頓來說，萬有引力可以不經過中介物質，而作用在兩個相距一段距離的物體之間，是非常不可思議的。他堅持要尋找中介物，以

瞭解萬有引力定律是如何傳遞。但即使中介物的理論沒有成形，萬有引力也**不致**令人無法理解，因為即使不能指出引力的機械因，我們依然可以用萬有引力定律來解釋事物。

實在很難替牛頓的成就下一個定論，他到底是因為引入神祕力量，顛覆了機械論哲學？還是該從新哲學的標準檢視，他這麼做反而創立了新哲學？十七世紀晚期到十八世紀初期，人們對於如何正確理解牛頓的成就頗具爭議，他們膠著於牛頓究竟是將機械論推至完美境界，還是挫敗了機械論？他們的爭論點在於，是否一定要有機械因，才算完整的物理解釋。這樣的爭論在後代的歷史學家和今日許多的科學家之間，仍舊持續上演著。

CHAPTER

2

他們怎麼知道的？

HOW
WAS IT
KNOWN?

閱讀自然之書

在擁護者的再三倡議下，「新科學」成為十七世紀的標誌。支持粒子論和機械論的哲學家在許多場合強勢宣揚他們與傳統自然知識的差異，一本接一本的著作皆保證其內容的新穎。物理學方面有伽利略的《兩種新科學》（*Discourses and Demonstrations concerning Two New Sciences*），天文學有克卜勒的《新天文學》（*New Astronomy*），化學和實驗哲學方面，波以耳發表了一系列的論文《新實驗》（*New Experiments*）、巴斯卡的《關於真空的新實驗》（*New Experiments about the Void*）、蓋里克（Otto von Guericke）的《新馬德堡半球關於真空的實驗》（*New Magdeburg Experiments on Empty Space*），都分別寫出他們對真空的看法，培根的《新工具》（*New Organon*）被標舉為替代傳統《工具論》（〔*Organon*〕亞里斯多德的邏輯著作）的新方法，他的《新大西洋》（*New Atlantis*）是份創新的藍圖，宣告科學和技術該如何成為理想社會的一部分。

新興實作的「新穎性」是個經常被人點出的優勢，相較之下，過去的知識、獲取和驗證知識的傳統方法，則被認為是沒有價值的，不足採信，也應該要被摒棄的。這種經常取笑、嘲諷「舊」哲學的情況，往往卻也扭曲了舊哲學複雜與精緻的一面。十七世紀英格蘭那批自封為「現代派」的人士採取反對「傳統派」的態

勢。現代派陣營有越來越多的聲音表示根本不應該保存傳統實作，傳統文獻只不過證明了人類過去的錯覺，以及容易受到權威壓迫而受騙上當的窘境。（十七世紀有力的傳統派對此的回應則是，他們的敵人文化水準低落，拒絕學習前人辛苦編纂、基礎穩固的知識。）

我們可以用培根常掛在嘴邊的建築比喻，總結這場激進的現代化行動。傳統哲學是如此地沒有價值，「只有一條路可走，嘗試新的、更好的計畫，在正確的基礎上，重建科學、藝術和所有的人類知識。」在法國，笛卡兒也有類似的聲明，他說原本的哲學幾乎都是沒有價值的，他將自己關在「生了爐火的房間內」，把所有他曾讀過的哲學論文都丟在一旁，開始新的哲學研究，這「會比僅在原來舊的基礎上進行研究更有收穫」。英格蘭實驗學家包爾（Henry Power，1623–1668）支持這種鼓掌歡迎新哲學的態勢，「我想，我所理解的舊廢物必須被摒棄，破敗的建物應該被推倒⋯⋯為更偉大哲學奠定新基礎的時刻來臨了，新哲學永遠都不會被推翻。」的確，此種對「現代」的理解，也反映在主流的歷史研究裡：二十世紀的歷史學家和哲學家必須花費很大的力氣，才能從自稱「現代」的前人辭令中掙脫出來，細緻檢視十七世紀當時現代派的用詞說法與真實歷史間的關係。

毫無疑問，我們要蓋一棟房子不會使用完全沒用過的建材，

科學革命

The Scientific Revolution

即便是使用完全新的設計圖；同樣的，沒有任何文化可以完全背棄它的過去，歷史變革並非如此發展，大多數的「革命」也沒有他們自己、或別人宣傳那樣劇烈的轉變[1]。哥白尼的新天文學裡保留了亞里斯多德「圓形是最完美形狀」的假設；發現血液循環的哈維（William Harvey，1578–1657）也一樣。現代早期天文學的確立和實作完全依賴前人留下的觀察資料，十六、十七世紀的實作者雖然抱持著革命的心態，但仍無法棄前人累積的成就不顧。在第三章我們將會看到，許多機械論哲學家雖然公開宣稱摒棄過去慣用的目的論，但在解釋事物時卻還是得依賴目的論的觀點。現代論者宣稱他們擁抱新事物，排斥舊事物的宣傳詞，並不能說明歷史事實。而且，哥白尼和他的追隨者本來就主張太陽中心說實際上是個自古以來的觀點，只不過被後代扭曲，不復以往罷了。比利時解剖學家佛塞里（Andreas Vesalius，1514–1564），他被稱為嚴格觀察法的發明者和古老解剖知識的批評者，而他也期許自己成為希臘醫者科倫（Galen，西元後129–約200）醫學知識的復興者。即

1　事實上，笛卡兒的確擔心他的方法學被整體採用，可能造成的後果：「為了重建其地位，以個人之力改變一切，或者徹底推翻既有秩序，都是不太可能的。各門學科和經院哲學已建立的教學規則很難整個改變，……偉大的事業一經推翻，就很難重建……且其崩毀，也必定是暴力所引起。」所以他說，他的方法論是基於其處境和獨特性格，為了他個人而設定，當然，其他人也可以思考這是他的坦誠，或僅是為了達到某種效果。

便笛卡兒方法論大幅取代既存的知識生產實作，但一般人仍認為他扮演了傳統偉大哲學家的角色：「看哪，他不就像是我們這一代的亞里斯多德嗎！」

看待自然的觀點「新」、「舊」並存，他們的追隨者偶爾會為了誰是現代派、誰是傳統派而有所爭論。某些實作者會在新知識上堅持其骨子裡的原始古意，有些人則主張某些看似傳統的知識，其實是新潮的、無法超越的。第一章曾提過培根的觀點，他說自然知識的近代躍進實現了舊約裡的預言；第三章還會再提到幾位現代論者的看法，他們認為自己是在基督教的脈絡裡，增進科技的控制力。有人把創新等同於有價值，也有人把現代論的意見視為未受教化的無稽之談。科學革命是「新事物」，但只有部分。現代論全面駁斥、取代傳統的說法反而讓人好奇，他們如何看待自己與哲學傳統及哲學制度的關係。

自然哲學傳統最致命的錯誤是，這些研究者參考的不是來自自然界的證據，而是人類典籍記載的權威。一個人如果希望獲取自然的真理，參考的不應該是書裡的記載，而是個人理性與客觀自然帶來的證據。例如英格蘭自然哲學家吉伯特（Willam Gilbert，1544–1603）在 1600 年時貫注心力寫成的磁學專書，其中就寫到本書是獻給「真正的哲學家和率真的心靈，他們不僅僅在書本上，也在事物本身尋求知識。」「這是哲學方法的一種新風格。」笛卡

兒獨自索居的時候，也曾表示「除了在自己身上，或是偉大的自然之書裡，將不再尋求其他知識」的決心；哈維說「沒有查核事物本身就接受別人的意見，是沒有價值的低劣行為，（特別是）因為自然之書如此公開，任何人都可以參考」。這些都是新哲學實作者習慣用以表達自我，與舊哲學做區隔的重要修辭。自然哲學應該要檢視的對象不再是具有傳統價值的作品，而是「自然之書」。

　　「瑞士文藝復興」時期，兼具醫師和自然術士身分的帕拉塞爾蘇斯（Paracelsus，1493–1541）強烈主張那些意圖尋找醫學真理的人應該將古籍擺在一旁，直接研究草藥、礦物和星辰。自然真理就像「一封信，從百哩之遙寄給我們，吐露著寫信者的心聲」。他還說自己並不是「從希波克拉底和科倫那裡擷取片斷的知識，然後彙編成教材」，而是「基於親身經驗」寫出新的教科書，「如果我想要證明某事，我不會引用權威的說法，我會去做實驗同時經過理性的推理」。伽利略鼓吹數學化的自然哲學時，也引用了「自然之書」的意象以支持他的論點，「這本壯麗之書是用哲學寫就，即這宇宙，它始終就在那裡，讓我們凝視。……它是用數學的語言寫成，三角形、圓形，還有其他幾何圖形都是它的符號，沒有這些符號，人類不可能瞭解它。」波以耳在1660年寫道，「自然鉅著的每一頁都是真正的象形符號，在那裡面，每一件事物都

代表著自然之書裡的文字，事物的性質就像一個個字母。」少有現代自然哲學家推薦直接檢視文獻，略過參考「自然之書」的過程，即便這些文本歷久不衰並曾獲得人們的高度重視。

十七世紀現代主義者最不證自明的信條就是：不要依賴人類所給的證言，要相信自然給的；要以事物本身作為知識的來源，而不是文字；相信自己親眼所見和自己的推論，更勝於別人告訴你的。這就是近代**經驗主義**的根源，這個觀點認為知識應該來自直接的感官經驗；知識就是感官經驗。這形成現代製造知識過程中，不信任「社會面」的立論基礎：如果你真的想獲取自然的真理，那就應該拋開傳統，不顧權威，懷疑其他人告訴你的事情。同時帶著開放的眼光，獨自思索自然的這一切。如同洛克說的：「我們希望在合理的範圍內，跟隨他人的眼光認識世界，透過他人的理解來求知。但靠自己獨立思考和親身理解的知識，才是屬於我們真正擁有的知識和真理……在科學裡，每個人都應該是真正地知道和理解，依賴相信他人的部分其實很少。」

最能串連起十七世紀和二十世紀末現代論之間情感的，也許就屬鼓吹知識上的個人主義、追求自然知識時拒絕盲目的信賴，以及對權威的反對。但是個人式經驗主義的辭令對現代早期的實作者來說，並不是一開始就毫無疑問或不證自明的。其實，現代早期觀測操作和記錄報告之可靠性仍有爭議，只不過歷史上得勝

──── 圖13 ────

赫維留（Johannes Hevelius）和他的第二任妻子庫波曼（Elisabetha Koopman），
正在使用六分儀進行天文觀察。
庫波曼比丈夫小三十六歲，她為這段婚姻帶來了一筆財富。
她籌措天文觀測站的資金，從事天文觀察和記錄，
甚至在丈夫過世後安排出版他的手稿。

的一方在編寫自己的科學史時，故意凸顯帕多瓦教授愚蠢的行徑。這位教授寧可相信自己的肉眼，也拒絕從伽利略的望遠鏡觀察當時新發現的木星衛星。對這樣一位擁護傳統權威，認為衛星不可能存在，反而不相信親眼所見的人，我們能說什麼呢？對二十世紀的現代派來說，光是描述這樣的行徑，就等於將之斥為「無稽」。

　　但是在現代早期的文化裡，像帕多瓦這樣的堅持很理所當然。如果伽利略的望遠鏡可以成為支持或反對某天文理論的證據，那麼當然有必要確認這種證據的可信度。透過望遠鏡觀察地面上的事物，就是實際可行的確認方式。1611 年，伽利略前往羅馬，把多位頗具盛名的哲學家聚集在城門上，向他們展示自己的望遠鏡。站在這個制高點，這些哲學家透過望遠鏡看到皇宮裡面的貴族「是如此清晰，即使隔著 16 義大利哩的距離。我們可以細數每扇窗，甚至是最小的那一扇」。也是在那個的位置，他們可以讀到 3 公里之外的展覽室裡的文字，「如此地清楚，我們甚至可以看到字母之間的句點」。於是他們可以將透過儀器看到的，和直接觀察到的加以比較，確認望遠鏡的觀察是否可靠。

　　但是在現代早期的哲學文化，望眼鏡對向天際時，事情可就複雜了。在當時，不論檯面上或檯面下的視覺理論都懷疑使用望眼鏡觀察天體的是否可靠。一般人很熟悉地球上的事物和它們的

──── 圖14 ────
赫維留繪製的月球地圖。據說赫維留眼力極佳,
一般認為他的觀察記錄正確性極高,相當值得參考。
他的觀測站就架設在自家屋頂,在1660年代可說是歐洲最早的觀測站之一。

脈絡，所以有能力矯正儀器可能造成的扭曲，但對天體沒有這樣的熟悉感。人們需要一個新穎而有力的視覺理論來說明伽利略觀察天體的可靠性；只是伽利略並沒有提出這樣的理論。

　　即使不是像帕多瓦教授那樣，有人願意接受伽利略的提議，透過望遠鏡觀察天體，但這也無法保證他可以見到伽利略所描述的一切。伽利略在發現木星的衛星之後，有幾次機會邀請享有盛譽的科學實作者來做見證。許多見證者承認，望遠鏡在看向地球上的事物時，運作「極好」，但望向天體時卻有點故障，或「騙人」。其中一位寫到，伽利略「沒有任何成果，因為在場超過二十位仕紳，沒有人可以清楚看到新發現的衛星……只有一些視力極佳的人在某種程度上被說服而已」。其實這沒什麼好驚訝的。藉助望遠鏡（或顯微鏡）做觀察是需要特殊條件、特殊技巧的，我們只是從學生時代就學習這個技巧，才顯得比伽利略同時代的人有更多的優勢。我們已經身處在相信望遠鏡是可靠（操作適當的話）的文化裡，這文化決定了在非常遙遠和相當微觀的領域裡，什麼是真正存在的。這個文化中還具備了權威性的結構，指明什麼是學習時該特別注意（或忽略）的。對伽利略來說，這些資源並不是現成的，而是花費許多心力才建立並廣被接受的。雖然當時以工具為中介對天體進行的觀察，在天文學理論的發展上扮演重要角色，但是我們仍需明白，一開始人們對望遠鏡的信任

科學革命

The Scientific Revolution

基礎是多麼薄弱，研究者需要投入相當多的努力才能取信於人。

另外，透過個人感官經驗去鑑定傳統固有知識的問題，也相當值得注意。基督教神學堅信，人類墮落之後，感官已衰弱，這樣的感官不足以產生可靠的知識。包括培根在內，現代論認為在被逐出伊甸園之前，亞當擁有「純淨、完整的自然知識」，這能力使他得以賦予萬物適當的名字。伽利略主張所羅門和摩西「能完全瞭解這整個宇宙」。之後，波以耳和牛頓認為，也許有些天賦異稟的世系傳承了下來，保有純粹偉大的古代智慧；其實，這兩人皆是暗指自己就是這個支系的子孫。從世俗的（與宗教無關的）觀點來說，直線的、累積式的知識進步觀點在此時仍屬新穎、未被廣泛接受的。許多學者，包括現代早期一些比較傑出的自然哲學家，理所當然地認為古代人比十六、十七世紀或近代人類擁有更優越的知識、更強大的技術，那些至今仍無法超越的希臘羅馬文化遺跡證明了這點。所以，如同哲學家哈金（Ian Hacking）所指出的，那種認為「我們必須依靠個人真實經驗追求真理，真的行不通時才求助於聖者見證和古代權威」的「不證自明」想法，其實是十六、十七世紀才有的文化產物，「文藝復興時期還不是這樣。聖者見證和古代權威是第一順位。只有事物在符合見證和權威時，才有資格當作證據。」

鼓吹信任個人觀察，不輕信傳統文本的立論，其原意其實是

崇尚古代，而不是一意以為現代才是最好的。隨著時間的累積，純粹的古老真理遭到污染，不然古老文本是瞭解自然真理的豐富資源。虎克將政治上的衰敗與哲學類比，「避免大帝國衰敗，最好的方式是恢復最根本的原理（first Principles）……也就是帝國開始的起點。毫無疑問，對哲學來說也是如此。」藉由返回源頭而前進，透過找回純粹而前進。培根比較極端，他認為亞里斯多德破壞了已有豐碩成果的原始哲學，其他的現代論者仍尊敬亞里斯多德本人，只是對後來的亞里斯多德學派頗有微詞。許多反對經院哲學的哲學家，吉伯特是其中之一，他對於經院哲學把自身上溯至那純粹的、具爆發力的古老源頭，相當不以為然；他認為必須透過直接經驗，修正因為不斷抄寫而累積下來的錯誤。培根認為各門知識「在初創者的手中發展最健全，之後就越發衰退」。亞里斯多德學派的傳統說明了原初的知識經過多次傳遞，每經一手就衰敗一次，「歲月就像一條河流，將浮誇事物帶到我們的面前，重要之物反而沉入水底。」波以耳也有類似的說法，他說自己不相信任何一位作者引自他人的引言，因為經過許多次檢視的結果證明，引言總是不正確，有時候甚至是故意杜撰的。

　　素有人文主義之名的「文藝復興」，其學術傳統綜合了個人經驗價值與古老文本權威。人文主義將基督教教士與阿拉伯學者的評論擱置不論，重新檢視希臘、拉丁原典，這是一項著眼於改

科學革命

The Scientific Revolution

善公眾知識的文化實踐。人文學者懷疑古老真理已經被抄寫者與幾世紀以來的評論者毀壞，而這樣的文化實作正好可與著重觀察的科學結合。例如，包括克卜勒在內，十六、十七世紀的天文學家雖然堅持，古天文學的粗糙比不上近代天文學的完善，但牛頓等人還是透過文獻的考證，試圖復興消逝的古老智慧（圖15）。甚至有些人文學者總結，原始文獻記載的真理唯有經過直接的大自然證據才得以復原。於是，個人觀察成為一種方法，用以決定何種版本的希臘與拉丁手抄本才是真實可信的。

為了尋回古代傳統的純粹價值，人文主義學者採取一種迂迴的策略：投入直接觀察；這是現代早期，特別是在十六世紀的自然史，科學實作的共通特色。人們認為，當時能找到的那些希臘羅馬自然史家的文本，像是狄奧佛拉斯塔（Theophrastus，約西元前372–287）、老普林尼（Pliny the Elder，西元23–79）、戴奧斯柯瑞迪（Dioscorides，西元54–68）和科倫的，都是有爭議的副本。各種版本不一，且都不夠完整。從研究人類的歷史來說，考據和文本對照是唯一可行的方法。然而，對植物學和動物學而言，根據「植物和動物歷經多年也不會改變」的假設，人們可以透過**實際動、植物的觀察**，對照回文獻。姑且不論這樣的假設是否正確，這在當時的文化上並沒有任何不妥。直接觀察有助於瞭解原始古文獻的真正意義，還能把文獻裡的名稱和描述對應到現存的植物。畢

───── 圖 15 ─────

克卜勒《魯道夫星表》（*Tabulae Rudolphinae*）扉頁的天文學神廟。
克卜勒用圖像表達他的信念：天文學從遠古至十七世紀的進步。
後排較為粗糙的建築列柱，代表古代天文學的簡陋，
哥白尼和第谷位於愛奧尼式和科林斯式的優雅圓柱旁，柱上刻有他們的名字。
因為現代人心思複雜、知識也更豐富，所以比古代人更成熟。
位於基座前面的地圖是丹麥外海的的小島 Hven，那是第谷天文台所在之地；
左邊的那幅圖裡面坐著的，則是克卜勒本人。

竟，直接觀察不就是古代權威本身的成就？亞里斯多德不就是自然界的細心觀察者？科倫不就勸過大家，個人必須透過經常性（而非一、兩次）的檢視，才能成為明瞭所有動、植物和礦物的專家？十六世紀的植物學家採取直接觀察法，使古代權威變得更加可靠。古代學者因為擔心工匠無法精準地描繪植物，或無法捕捉植物季節性的外觀變化，並沒有在文字描述之外輔以圖片。但是，德國文藝復興的植物學者，例如布隆費爾斯（Otto Brunfels，約1488–1534）和富克斯（Leonhard Fuchs，1501–1566）在印製的書籍裡加入精細的版畫。版畫成為植物的可靠紀錄，並發揮如同準則般的功能，指導著眾人的觀察（圖16）。

　　基督教同樣發揮著影響力。出自上帝之手的「自然之書」，比士林學者的著作更受人歡迎；大多數人是這樣認知的：上帝寫了兩本書以彰顯祂的存在、屬性和意圖；一部是聖經，另一部，越來越多人認為那指的就是「自然之書」[2]。十六世紀清教徒發起的宗教改革特別強調，每位基督徒都應可直接研讀聖經，不必透過教士和教宗的詮釋；1450年代發明的活字印刷術使得直接閱讀聖經更加實際可行。類似的動機鼓勵了人們直接閱讀「自然之書」，大家不再依賴既有權威的舊詮釋，直接體驗自然是很重要

2　「自然之書」的比喻出現在基督教早期，尤其是聖奧古斯丁在第四世紀後期就曾提出，然而在文藝復興和現代早期才又獲得重視。

——— 圖16 ———

十六世紀中的植物學觀察及繪圖。

這張圖來自 1542 年富克斯《植物的歷史》（*De historia stirpium*），

圖裡有三種不同角色的人：描繪植物的人（右上）、

將手繪圖刻成版畫的人（左上），以及最終雕刻成版畫的人（下方）。

身為文字作者的富克斯向讀者保證，「我們日以繼夜地努力，就是為了確保

每一株植物的根、莖、葉、花、果實和種子，都能正確地被表現出來。」

的，因為那等於細讀上帝所寫的書。

依賴事物提供的證據更勝於文本權威，是另一個頗具現代特色的觀點。第一章特別提到，近代哲學家可接觸到的自然世界比古人更廣大，也更多樣。在有侷限的知識基礎上所建立的哲學命題很可能是錯的，而現代早期的人們因為具備發現新大陸之旅所獲得豐富的經驗，使其更有理由質疑傳統哲學。文藝復興時代擴展了人類知識的可能性，使得人們對知識與技術的進步更有信心。到了十七世紀，積極進取的近代修辭，使得人們拒絕依循古代學說和古代知識的作法。如今不只希臘的後代學徒，就連亞里斯多德都有可能受到批評。很少有人同意霍布斯視希臘哲學為「欺騙和不入流」的見解，但是卻有很多人認為，與近代的思考模式和直接體驗自然的文化相比，希臘哲學的確有其不足。必須調整直接經驗和文本權威之間的重要性，前者才有機會挑戰後者。

像培根和霍布斯這樣的近代哲學家，反轉了古老事物才具有知識權威的歷史觀。培根說：「是我們把古代的一切去蕪存菁；不是說古代聖人活過的那個世界，就理所當然是好的。」沒有道理認定希臘人一定是對的，主角是我們，我們是真真切切從累積的經驗與智慧獲利的人，「談到權威，出現在我們面前的是對作者表現過多順從的卑微心靈，它否定了時間淘洗的力量；只有時間是所有作者的作者、所有權威的作者。正確的說，真理，是時

間的女兒，而不是權威的女兒。」正因為身為現代人，所以我們比古代知道的更多、更全面。歷史是不斷進展的，所以知識是進步的。

經驗的構成

因此，大體說來現代論者的建議很清楚：親身去獲取經驗；只留意事物本身，而不用在意文本或者過去的權威怎麼說。適當的科學知識基礎將由經驗組成，經驗將規範、推論自然運作的一般法則。但是，我們應該追尋**什麼樣**的經驗？如何才能可靠的取得？如何從經驗**推論**一般普遍的自然次序？可以推論至什麼程度？現代論自然哲學在這些問題上出現了重大的分歧。某種實作中被認可為成分可靠的經驗及其可靠的推論，在另一種實作中往往會被認為是不確定且非哲學的。一個疑似傳承自亞里斯多德的哲學實作類型吸引了部分十七世紀的現代論者，以及同時期的古代論者。在此，其所希望達成的目標是典型的科學**證明**；也就是說，說明自然現象之結論是如何（且必然）從那無可質疑、理性構築之成因知識中而來。對於抽象的數學學科來說，進行推論所依據的原理被認為是顯而易見且毋庸置疑的，就像是歐幾里德幾何學中的這項公理：「全體大於局部。」但對於處理物理世界的

學科來說，原理則來自於那些被認為是具有如數學公理般不證自明特性的經驗陳述。

歷史學家的耳（Peter Dear）曾經提出，十六及十七世紀經院學派自然哲學所說的「經驗」，是指放諸四海皆準的事實陳述，如此一來，它理應是藉由確實地回憶大量的具體事件發展而來，並且由於其普遍性，使經驗成為一種毋庸置疑的真理，並可構成前提，以供邏輯性科學論證這世界的因果結構。對亞里斯多德及許多他的追隨者來說，自然現象被認為是既定的事實：自然現象是事物在自然世界中如何表現的陳述，而且可以從任何數量的來源中衍生而來；只要是感官正常運作的人可以察覺的，或可以從回憶中發掘的都行，無論是尋常言論或專家意見都行。舉例來說，像是「垂直向上射出的箭會落在同一個位置」，這個亞里斯多德及其追隨者用來證明地球不會轉動的經驗，或是重物會掉落、太陽會西沉這樣的經驗，這些都是透過訴諸「只要是有能力的人都知道」之特質而來的，貨真價實的經驗。就如同亞里斯多德所說，它們被當成是這個世界「總是，或在絕大多數的情況下」如何運作的陳述。這個哲學實作中所指的經驗，很少是經過特別設計或大費工夫而得來的特殊經驗；經驗的普通可見以及它所具備的常識特質，正是此一自然哲學類型所需要的。經驗在這個環節上扮演重要的角色，但從整體上來說，它從屬於一個論證結

構，此結構用來確保普遍且毋庸置疑的自然知識。要在哲學上獲得關於一般自然變化過程確定的知識，就必須從那些經由一般變化過程所顯現的可靠經驗開始著手推論。毋庸置疑且放諸四海皆準的結論，需要毋庸置疑且放諸四海皆準的前提。個別及特殊的事件可能無法滿足這樣的要求，而且從中而來的知識可能會是不可靠的：作證的人可能是在說謊或被誤導；他所使用的儀器可能扭曲了事物的自然次序；甚至他所報導的事件可能不是正常的，只是個例外。

對於「發生在這個世界之經驗」的偏好，構成了像是伽利略、巴斯卡、笛卡兒，以及霍布斯等現代論者實作的重要基礎。雖然他們對亞里斯多德學派自然哲學的主張、概念，以及步驟有不少批評，然而他們所訴諸的「經驗」，往往還是可以從結構上辨識出傳統作法的痕跡。像笛卡兒便提到，雖然實驗在自然哲學中是必要的，但一般來說，「它最好是只利用那些可以為我們感官所自然察覺的經驗」；而霍布斯則認為人為的實驗是沒有必要的，因為已經有足夠的經驗「藉由高空、海洋以及廣闊的大地而展現」。

伽利略的「斜面實驗」是科學革命最為人稱道的早期實驗展演之一。在該實驗中，以數學形式表達的落體定律，藉由不同的球體順著斜坡滾下的過程，得到實證的依據。伽利略關於這些實

驗的報告（他用這些來反駁亞里斯多德學派的運動詮釋）宣稱他
進行這些實驗「很多次」，甚至有「上百次」，其結果也完全吻合
他的理論。事實上，歷史學家長久以來一直爭論的是，這些實驗
是否真的進行了，或者頂多只能被當成「心靈實驗」；也就是在
把關於這個物理世界的認知納入考慮的情況下，於伽利略的腦海
中所進行的，如果這樣做會產生何種結果的想像預演[3]。在此，如
彼得‧的耳所指出的，伽利略並未說「我做了這個和這個，產生
了這個，由此我們可以歸結……」。他反而是說，「事情就這樣發
生。」不管伽利略是否真的實地進行了該實驗操作，藉由報導這
個實驗所製造出廣為人知的經驗，其實就像在你腦海中進行想像
實驗而得到的經驗一樣。

　　這種偏好「自然發生」經驗的態度，持續地成為歐陸現代論
者以及亞里斯多德學派雙方大部分實作的重要面向。歐陸耶穌會
士的主要任務之一，就是與新興的特殊人為經驗互相調和，像是
那些藉由望遠鏡與氣壓計所獲得的經驗，並將它們放進亞里斯多
德學派關於「經驗在哲學推論中之適當角色」的概念範疇。他們
藉由運用廣泛的社會以及語言學技術，賦予特殊經驗一種確定的

3　關於實地操作是否如實進行，前一章巴斯卡的多姆山實驗，以及他另一個流體
　力學實驗，也曾出現類似的質疑。那個流體力學的實驗需要一個人把一個玻璃
　吸杯抱在大腿上，在6公尺深的海底坐上一段相當長的時間（圖17）。

─────圖17─────
巴斯卡於 1663 年所進行的流體力學實驗的圖像。
隔年，波以耳對於巴斯卡是否真的作了這個實驗表達了強烈的質疑。
波以耳說，或許巴斯卡「認為他可以安全地下這個結論，
這個結論就是出自他已深信的定理」。
在波以耳看來，類似這樣的「心靈實驗」並不能算是適當的自然哲學。

氛圍，一種亞里斯多德學派哲學實作中所必須具備的氛圍。這些技術包括了，提出可靠的目擊者，公開地展示相關的專業知識，以及利用特定的敘述技巧讓實證陳述看來像是無庸置疑的定理。因此，十七世紀亞里斯多德學派自然哲學並不缺乏相容於這些人為實驗以及科學儀器所提供的新經驗，亞里斯多德學派的理論架構也沒有因為其他種種現代論的出現而立即凋零。整個十七世紀，亞里斯多德學派自然哲學的傳統，以及與之相關的經驗概念，仍舊相當地強而有力。

但是許多其他十七世紀的實作者，特別是在英國，發展出一種新穎且不同的方式來處理經驗，以及它在自然哲學中的適當位置。十七世紀初培根的說法相當有影響力，他認為，一個適當自然哲學的前提，在於以費心編纂的自然史事實紀錄為基礎；那是一種對於所有可在自然中被察知的效應的分類、編輯、分析整理。自然界的歷史事實紀錄會包含幾個類別：自然發生的型態與效應（無論它們是經由自然的尋常過程所產生，或是自然的「錯誤」或「怪物」，見圖18），以及那些可能是經由人類雙手所製造的人造型態與效應，就像是，「當藉由工藝以及人類的雙手，她被迫離開她的自然狀態，被用力擠壓以及塑形」；也就是說，當自然被交付實驗試驗，或成為技術干預的對象之時。**首先**是自然史（經改良以及純化後的自然效應紀錄），**然後**是自然哲學（自

How Was It Known?

─── 圖 18 ───

這隻怪異的 (或是「異常的」) 公雞，有著「四足動物的尾巴以及雞的胸膛」，
是由義大利自然學者由里斯‧阿爾卓凡提（Ulisse Aldrovandi，1522–1605）
所觀察到的。阿爾卓凡提特別提到，當他親眼看到這隻公雞時，
「它是活生生的，在最尊敬的法蘭西斯‧麥地奇大公位於托斯卡尼的宮殿裡；
它那嚇人的外貌讓勇者也毛骨悚然。」這樣的怪物常被當成是
神聖的預言或預兆，而它們的圖像則在前現代歐洲廣為流傳。
出處：阿爾卓凡提，《鳥類學》（*Ornithology*），1600。

然的因果結構之可靠知識，自然效應由此產生）。而且，現代自然哲學實作中一個非常相關的類型之核心特徵就是，它的實證內容並非只依賴這個世界中自然而然可得到的經驗，而是同樣依賴人為的、蓄意策畫的實驗，借此來製造那些無法，或者至少是不容易在正常情況下觀察到的現象。這些實驗一般來說會與特殊設備的建構和使用相關，像是第一章提及的氣壓計。別忘了，氣壓計的宣傳點是能讓人輕易地感受到、甚至看到空氣的重量；這通常是我們無法體驗的。

經驗的控制

在培根眼中，自然哲學明顯已經走上歧路，因為它一直沒能獲得關於自然界真正包含的事物及現象的足夠資訊。培根認為，到現在為止，「無論是從數量、種類或者確定性來看，任何關於收集、累積特殊觀察的探索，都還相當不足，因此無法增益吾人對自然的瞭解」。如前所述，經驗可以作為例證，用以說明自然現象，因此，培根認為當時自然哲學的毛病便是由一種貧瘠且未經過充分評估的經驗積累所引起的，「這就如同是藉由街談巷議來治理王國或國家，而非藉由使節或可信賴的使者之書信報告；這就是哲學中關於經驗的管理系統。在自然史中，我們找不到任

何經過適當調查，經過確認，經過計算、稱重、測量的例子；觀察的內容鬆散而模糊，提供誤導且靠不住的資訊。」如果說，是經驗構成了真實、有用的自然哲學基礎，那麼培根認為，這經驗必須是真的，是正在發生的、明確特定的經驗。這裡的重點不在於運用無庸置疑的經驗來說明自然運作的概論，而是去累積足夠的可靠經驗，以作為探究自然可能會如何運作的基礎。

在這個環節上，對於本章前述的，現代論者對於經驗與權威兩者所扮演的角色之說法這部分，我們必須作些更進一步的重要確認。現代論者在否定科學領域的權威以及見證時，想法很一致。當十七世紀的現代論者建議拋棄權威時，他們心中所設想的，通常都是亞里斯多德以及他那些在大學裡的經院學派追隨者這樣的傳統權威。但是儘管他們在言詞上宣稱，對於事物見證的偏好遠勝於人物見證，現代論者卻無法免除其對於人物見證的依賴，我們也無法想像一個完全拒絕見證的自然科學事業會是什麼樣子。現代實作者理應要去累積事實性的知識，但是無可避免，這樣的知識大多是二手的；稍後本章將討論的波以耳實驗書寫，便會描述一些可以間接並可靠地擴展經驗的技巧。

因此，篩選及評估關於經驗的報告是非常實際的任務。現存自然哲學的貧瘠，主要被歸咎於它在事實記錄上缺乏品質控制。如果把所有的經驗報告都當作真的，那麼自然哲學的殿堂就會像

是（一些現代論者認為那根本就是）瘋人院或者混亂的巴別塔。培根提出一套用來確立自然相關事實的技術，即透過適切的觀察、驗證以及紀錄。「除非是透過對雙眼的信任」（亦即，親眼目睹），「或至少是經由小心及嚴格的檢查」，關於自然事實的紀錄將不會被承認，「要擺脫過去，拋棄引經據典或作者的見證」；「所有的迷信故事」以及「老婦人的故事」都要丟到一旁（圖19）。吉博特將傳統自然史的證言與「老巫婆的胡言亂語」相提並論，這樣言辭上的輕蔑的確得到許多現代論者的迴響。如果真的必須使用作者的見證，那麼應該要小心的註明其背景，並加上資料出處的可靠性，「任何可被承認的資料都必須是直接從墳墓、可信的歷史或可信賴的報告中挖取而來的。」因此，這個改革過的自然哲學會樂於將經驗當成是一種取代傳統實作的有力方法，但是經驗的報告必須接受仔細的監控以確保它們的純正。自然哲學的殿堂的確將要敞開大門，但內部房間之入口卻是受到小心看守的。而且，雖然有些現代論實作者提出，要用明確的規則來評估經驗報告，但必須強調的是，在此，日常社會知識的運用要比形式上的方法論更為相關。大多數的實作者似乎都認得那些記號是代表著值得信賴的報告或人物，而不會正式地詳細說明之所以值得信賴的依據為何[4]。

製造事實的機制

　　這些提供改革之自然哲學基礎的經驗事實並非「當下發生的」，而是由特定的人，在特定的時空環境下，藉由特定的方式所觀察到的「已發生事件」的陳述。對許多哲學家來說，特別是（但不僅僅是）英國的哲學家，正是這種獨特性使得經驗足以信賴，進而建立哲學探究的基礎。正因為事實記錄應當要提供自然哲學的堅實基礎，這裡所說的事實一定不能被理論期待給理想化或渲染，而必須是確切的，以本來的樣貌呈現。比方說，並不是直接說石頭如何掉落，而是經由某個技術跟誠信都得到認可的觀察者，於如此這樣的一天，作證這個特定大小形狀的石頭是如何掉落的。培根說，「自然別無它物，除了個別的物體執行純然個別的行動之外。」他要求「對自然中所有奇觀及奇異生物進行收集或從事特別的自然史書寫；書寫所有在自然中……新的、罕見的、不尋常的事物」。我們可以從收集事實記錄的計畫來合理說明當時流行於歐洲紳士階級的「珍奇陳列室」（圖20）。這些展間

4　近來一些歷史研究已經開始注意這個新實作構成中重要的紳士風格，也因此關心強調榮譽與誠信的紳士原則之重要性。雖然關於技術上的專業性以及合理性無疑也是評估經驗報告的重要考量，但許多實際面的科學誠信問題，很有可能就是透過這樣簡單的榮譽紳士原則機制而獲得解決。

——— 圖19 ———
十六世紀後期無頭美洲印地安人的圖像。
在古代，人們普遍相信在遙遠的地方居住著一群奇怪的人，
他們「沒有頭」而且「眼睛長在肩膀上」。這樣的想法因十四世紀的旅行家
（或自封的旅行家）獲得重生。約翰・曼得維立爵士（Sir John Mandeville）
1370年代的旅遊故事將這些構造令人驚嘆的人們安放在東印度，
1604年，莎士比亞筆下的奧賽羅所說的故事讓戴絲戴盟娜大為震驚：
「同類相殘的食人族／食人族，以及那些頭／長在肩膀下的人們。」
對那些想要改革自然史的人來說，
這樣的證詞代表了從虛構中分離出真正知識的難處。
出處：李維努斯，胡修斯，*Kurtz wunderbare Beschreibung*，1599。

有力地見證了自然的獨特性，以及令人驚訝的多樣性。充斥著各種稀罕及奇異物件，這些展間提供了觸手可及的證據，來證明天空與大地之間存在著比傳統哲學家所夢想的還更多的事物。

　　就如同十七世紀現代論者對於如何適當詮釋經驗及其哲學位置上意見分歧，他們對於「該使用怎樣的方法來製造自然哲學知識」的問題上意見也不一致。培根、笛卡兒、霍布斯、虎克以及其他人都表達了絕對的信心，認為自然因果結構的知識可以百分之百的確立，只要人們的心靈受到正確方法的導引及訓練。方法，被認為是全部。是方法讓關於自然世界的知識得以具現且獲得影響力，雖然每個人所推薦的適當方法都大不相同。形構自然世界知識的機械隱喻也透露了可以獲得知識的方式。培根說，不能讓心靈「自行其是」，而必須讓「每個步驟都受到引導；整個作業就如同是機械所完成的一樣」。對培根來說（對許多其他實作者也一樣），自然哲學之定義在於其確保成因知識的企圖；這企圖使其成為一種哲學（與歷史相對）。但在這個版本中，適當的方法是源自於特殊事物知識的積累（觀察的與實驗的事實）進而推論至因果知識以及普遍真理；這就是說，這是個以歸納及實證為基礎的過程。這是為何事實記錄必須確定可靠的原因。如果基礎虛空的話，立基其上的建築物也不會穩固。歸納法，以及隨之而來的基於事實記錄的推論模式，在英國相當具有影響力，雖

—— 圖20 ——

假自然學家馬奇斯‧佛地南多‧寇斯比（Marchese Ferdinando Cospi）在波隆那的博物館。
這類的博物館收藏了許多自然或者人造的奇異物件，從文化上吸引了當地知識階級以及
進行歐洲文化之旅（Grand Tour of Europe）的紳士們。

（譯注：在十八世紀，歐洲上流社會年輕人常進行這樣的歐洲文化之旅，作為其教育的一部分）。

然，如我們即將會看到的，許多歐陸的（甚至一些英國的）實作者對它在哲學上的合法性、其可靠度及論點抱持懷疑的態度。

培根宣稱，他的歸納方法是傳統自然哲學實作的**翻轉**。他提及，自然哲學至今仍傾向將特殊事物當成一條達到自然一般原理的捷徑。這些原理被認為是毋庸置疑的真理，它們被用來評斷自然現象，評定感官經驗中常出現的矛盾證據。像這樣，從已確定的一般原理（被不證自明地視為真）來分析理解特殊事物的推論方法被稱為**演繹**，而培根將那時期自然哲學的弊病，歸咎於其僅僅使用演繹法。有時有人會說，培根主義者讚揚漫不經心的事實收集，這並不是真的。首先，培根及他的追隨者收集了許多的**關鍵案例**，這樣做的目的在於，明確且毫不含糊的對不同物理理論進行判斷[5]。其次，如果想要製造出可信賴、可用來支撐哲學的資訊，感官便需要接受合理方法的導引。但培根認為，為了要製造出可信賴的因果知識，我們必須把事實與理論彼此間的相對比重以及優先順序作出本質上的調整，「我們必須把人們帶到事物本身；人們必須強迫自己，放下自己的想法一會兒，而開始讓自己去熟悉事物。」感官與理性，若只依靠其中之一是無法得到自然哲學知識的，是時候讓理論形構與事實面對面了。

5 　稍後在波以耳的研究中將出現的「關鍵實驗」一詞，指的是在第一章中提過的，巴斯卡戲劇性的多姆山實驗。

科學革命

The Scientific Revolution

在此，我們必須對現代論者的說詞是否恰當進行另一個重要的確認。儘管現代論者強調直接感官經驗的優先性，培根卻也同意許多十七世紀自然哲學家所說的，未經指引的感官容易**欺騙**我們；以及，如果想要產生可以被運用在哲學推論上的真實可靠事實材料，感官在方法上必須受到規訓。就如同缺乏事實根據的理論會遭到拒絕，許多現存自然知識的惡劣情況常被歸因於未經導引的感覺，以及未經規範的感官報告。對於未經指導的感官來說，月球看來並不大於蘋果派，而太陽顯然是繞著地球轉的。現代論者之所以能夠「看見」大大的月球以及靜止的太陽，是經由被指導過的推理，而非單純的感覺。因此，無論他們對於經驗的根本角色抱持多麼熱切的態度，很少現代實作者會忽略感官與生俱來的不確定性。伽利略對哥白尼有一段著名讚詞是這樣說的，哥白尼讓「理性戰勝感官，即使是在後者的強烈抗拒之下，前者仍舊成為（他的）信仰女神」。英國實驗主義的積極推廣者，格蘭維耳（Joseph Glanvill，1636–1680）發現，「在許多特殊的案例中，我們無法確信我們感官的報告」，需要知識來「更正它們的訊息」。多產的科學儀器發明家虎克注意到，墮落之人的感覺「狹隘且漫無目的」，這時候他公開頌揚望遠鏡以及顯微鏡，因為它們可以矯正這些人的虛弱並擴展他們的世界。（在這裡，藉由儀器所傳達的經驗，其可靠性是無須擔心的。）所謂知識的進展並

不單是指感覺扮演了更多樣的角色，而是指那些經理性指導修正後的感覺；那可能是藉助於儀器，但都必然是透過實作程序評估後的感官經驗報告。

如果經驗想要在改良後井然有序的自然哲學中扮演重要的角色，它就必須受到控制、監測，以及規範。如果未受引導的感官容易產生誤解，那麼就必須找出方法來管制是**何種**經驗才能構成哲學省思的基礎。這裡，關於**何種**經驗的思考也包括了關於是**誰**的經驗的判斷。必須要堅持並清楚標示出真實的經驗以及俗稱「老婦人故事」間的界線。比方說，英國的自然哲學家威爾金斯是如此區分「庶民」以及有識之士的不同：前者讓直接的感官印象享有最重要的位置以及權力，而後者卻對它的可信度保持適當的警覺，「要讓一個鄉下農夫相信我們所說的月亮比他的貨車車輪來得大，就好比要他相信月亮是用綠乳酪做的一樣，因為這兩件事情都同樣跟他親眼所見的事物相違背，而且他不具備足夠的理性來超越其感官。」波以耳主張，「依據未經鑑別的大量事物而作的判斷……似乎是從眼睛而不是從腦子得來的」，這就是一般庶民犯錯的主要原因。內科醫師布朗尼爵士（Sir Thomas Browne，1605–1682）1646年在《偽觀點的傳染》（*Pseudodoxia epidemica*）一書中提到他的觀察，「人們錯誤的天性」使他們輕易地為「占卜師、雜耍者（以及）風水家」所欺騙。感官需要接受知識的引

導，而一般民眾由於缺乏知識「便無法辨識真理」：「他們對於如何辨別是非對錯，以及如何避免錯誤推論的認識是如此淺薄，以至於屈從於感官的謬誤，而無法更正其感覺上的錯誤。」這就是說，對於實作者而言，經驗規範的關鍵之處涉及了一張社會次序的地圖。適合哲學推論的經驗必須從那些可靠又真誠的人們手中而來；由他們來掌握，由他們來報導；或者，由他們來評估別人的經驗，如果這經驗不是他們所有的。未經規範的經驗是無用的。

　　傳統科學史家以及科學哲學家把太多的心思放在形式上的方法論，常常全盤接受這些說法，將之視為過往實作者在製造、評估，以及傳播科學知識時的合理說明。事實上，十七世紀**任何**形式上的方法論指導原則，以及具體的自然哲學實作之間的關係，都是大有問題的。比方說，無論是那些宣稱要在方法論上徹底讓理論與事實收集脫鉤的，或是那些號稱對傳統文化保持系統性懷疑否定態度的人，都未能完全達成其目標。此處，修正主義者的觀點在許多方面更值得推薦；也就是把形式上的方法論當成是一套言詞上的工具，用來確認實作在文化中的位置，以及詳述如何評價這些實作。然而，這並不是要去否定形式上方法論在十七世紀科學中所扮演的角色。方法論在某種程度上可能如一些人所說的是個迷思，但迷思可能也有其實際的歷史功能。稍後的自然哲學家（特別是英國的），便熱切擁抱方法論上的宣稱（像是培根

的言論），用以正當化觀察及實驗事實收集的集體協同計畫；與此同時，廣義的演繹方法論則為其他類型的哲學家所使用，藉以證明理性的理論化過程比事實特例的積累來得重要。因此，形式方法論之所以重要，就在於其正當化某種實作的作用會深遠地影響人們如何定位以及評價該實作。缺少了某種迷思的實作可能會很薄弱，難以正當化，甚至很難被視為一種與眾不同的活動6。用來正當化某種實作的言詞不能等同於它們所辯護的實作本身，我們仍舊需要一個更具體的圖像來描述，當現代論自然哲學家準備要確立一項知識的時候，他們到底真正做了什麼。現代論自然哲學家並不只相信某些關於自然世界的事物；他們還做了一些事情來確立、辯護以及傳播那些信念。也就是說，從事自然哲學就像是在勞作一樣。因此我們現在需要把注意力從抽象的方法論原則移開，轉到讓經驗得以適用於特定自然哲學研究的實際操作上頭。

6　一個相關的論點是，社會學家可能會說，方法論可以被視為是種規範，一種應該進行何種活動的協定。而正如同所有的規範一樣，它們可以提醒人們應該如何行動，即便它們並不會描述人們總是（或者通常）如何行動。

如何製造一個實驗事實？

　　就如同機械隱喻在新式自然哲學中占據著核心位置，機械方法也開始扮演起製造知識的重要角色。這種對於人工精心製造實驗的重視可以從倫敦皇家學會（成立於 1660 年）的相關研究計畫，特別是該學會最具影響力的成員——波以耳的研究中清楚的看出。1650 年代後期，由虎克為波以耳發明的空氣泵浦很快便成為實驗性自然哲學的象徵（圖 21）。這是科學革命中最偉大的事實製作機器。空氣泵浦是如何運作？在製造真實科學知識這方面，它是如何被認可的？其所生產的知識又是如何為當時智識界的弊病提供解決方案？又如何成為製造科學知識之適當方法的範本？接下來的篇幅將針對一套特定的、具高度影響力的知識製作實作，作一簡短的說明；而稍後的章節則會對這套實作是否普遍被認可提出質疑；即便是當時其他的現代論機械論實作者的同儕，也不見得完全認可它。

　　空氣泵浦具有兩個方面的象徵意義。首先，空氣泵浦及其相關實作成為進行實驗性自然哲學的正確模型。皇家學會在整個歐洲強力宣傳它的實驗活動，而空氣泵浦實驗則反覆被稱為是實驗性哲學的典範。使用如空氣泵浦之類儀器的自然哲學在十七世紀是件新鮮事，引來了廣大的支持、模仿，以及反彈。許多自然科

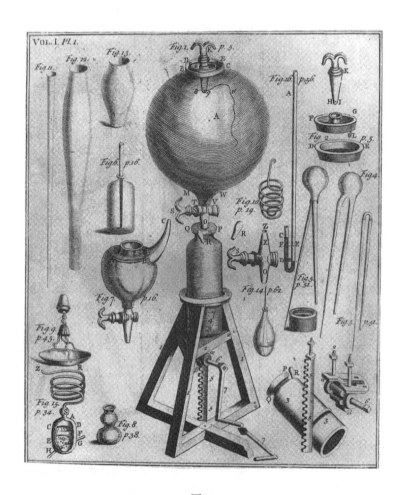

———圖21———
波以耳的第一個空氣泉浦。

學實驗的歷史可能會將其故事的起源追溯至波以耳的空氣泵浦。

其次，只有當儀器製造的人為效果（無論是在儀器內部所產生的效果，或是為其所製造的效果）被認為是反映了事物在自然中的應有面貌，如空氣泵浦般的儀器操作才能夠產生具普遍性的自然哲學知識。第一章中我們曾討論過，現代論者普遍拒絕接受亞里斯多德學派所主張的「自然」與「人為」間的截然二分。除非人們可以接受自然現象與人為現象之間有根本上的類似性，否則藉由機械所進行的實驗操作是無法代表事物在自然中的樣態；然而，以時鐘來象徵自然這個隱喻的盛行，還有用望遠鏡所進行的天體觀察被廣泛信賴，這些現象都說明了人們已經接受了這個類似性。藉由這些儀器所進行的實驗揭示了新的可能性，即，極大的控制力以及便利性。原則上，人們可以在任何時間任何場合，隨心所欲地安排實驗現象，而無須等待現象自然地發生；人們甚至可以製造一般人根本無法接觸到的現象。在空氣泵浦的例子中，對於它所製造之現象的自然哲學興趣，大都起因於人們接受了空氣泵浦所製造的真空，可能代表向上穿越大氣層時所能觀察到的現象。這泵浦，展現了一般而言不可見、不可察覺的空氣現象，且讓它變得平易近人。但這些實作上對於人造實驗的偏愛，完全是由於人們接受了人造產物有可能，也確實是代表了自然規律的這項原則。少了這個認可，就無法從實驗儀器所揭露的

現象推導至自然事物的次序。

　　空氣泵浦所預期達到的效果，是在其巨大的玻璃容器中製造出一個可操作的真空。藉由反覆的上下抽拉泵浦的活塞（也稱作「吸管」）並調整連接容器及黃銅抽吸裝置氣閥和旋塞，可以將一定數量的空氣移出容器；而抽拉吸管的動作會變得越來越困難，直到最後人力無法操作為止。這時波以耳便判定他已經幾乎抽離了容器中所有的空氣。這個過程本身被認為是一個實驗，並被記載成波以耳 1660 年發表的一系列四十三個《關於空氣彈簧的物理機械新實驗》（*New Experiments Physico-mechanical Touching the Spring of the Air*）中的第一個。這個可操作的真空代表了朝著大氣層最頂端移動的不可能任務，而波以耳則提供了一個機械論的說法，來說明操作吸管時的手感變化。

　　然而，空氣泵浦中的那個被抽盡空氣容器的意義，與其說是在實驗本身，倒不如說是在於它所提供的實驗空間（圖22）。該容器頂端有個可移動的黃銅蓋子，其所覆蓋的開口大到足以將儀器置入玻璃球體中；而波以耳其他關於空氣性質的試驗，就是由觀察那些被放進容器中的物體及設備所組成的。看看這個系列中的第十七個實驗，波以耳稱之為「從我們的儀器中我所期盼的主要成果」。這個實驗的構造很簡單，就是把托里切利設備（第一章中曾描述過的水銀氣壓計）放進容器中，然後慢慢地抽盡其中

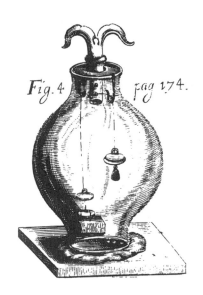

───── 圖22 ─────
波以耳空氣泵浦內部的一個實驗。
這個插圖是波以耳於1662年間，所發展出的第二個空氣泵浦的容器。
圖中描繪的實驗是關於一個為人熟知且引起廣泛討論的現象：
光滑大理石片間的自發性聚合。波以耳打算利用大氣壓力的說法
來解釋這個現象，並預期，當容器被抽盡空氣時，石片會分開。

的空氣。波以耳對於這個實驗的結果進行預告，而該實驗旋即成為確認廣泛自然機械論觀點的象徵。他預期，當空氣被慢慢抽離容器時，水銀氣壓計的刻度也會下降；而當空氣被完全抽盡（或者幾乎完全抽盡）時，玻璃管中的水銀會一路降至（或者幾乎降至）下方水銀容器的位置。如果巴斯卡的姊夫不是將氣壓計帶到多姆山山頂，而是帶至環繞地球的大氣之海的最頂端，這就是他將會觀察到的現象。的確，當氣壓計被置入容器並密封時，水銀的高度並沒有變化；波以耳觀察到，每一次泵浦「抽出空氣」時，水銀刻度都會下降；直到最後無法從容器中抽離出更多空氣時，其刻度就正好在下方水銀面的上方些許[7]。如果他轉開旋塞讓一絲空氣流入容器，水銀便會上升一些。

　　不僅如此，容器中水銀刻度的逐步下降不能只靠空氣的**重量**來解釋，雖然空氣**的確**有重量，正如巴斯卡以及其他人所證實的一樣。然而，在巴斯卡的實驗中，容器內的水銀是暴露在空氣中，但波以耳泵浦容器中的水銀卻非如此。我們不能說整個大氣層的重量完全加諸於水銀身上，因為在水銀與大氣之間有著一層玻璃

7　實作者對於容器是否曾完全排除所有物質，或只是**幾乎**抽離了所有空氣有所爭論，有時甚至會相當激烈。波以耳本身傾向第二種說法，不希望被捲入長久以來關於完全真空是否存在的「形上學」辯論之中。他對於水銀刻度無法完全下降的詮釋是，仍有空氣殘留在「已抽乾」的容器中。

容器；容器內部的空氣不可能很多，肯定不足以支撐住914公分高的水銀柱。這裡，需要另一個概念來機械性地說明實驗現象，波以耳稱之為空氣的**壓力**或**彈力**。從空氣泵浦的這些現象以及其他的現象中，波以耳推論認為，空氣可能具有類似彈簧彈性這樣的特質，能夠抗拒加諸其上的外力，並在外力消失後得以擴張。對一團密封的空氣來說，施於其上的力量越大，空氣所反饋的力量也越大。當一定數量的空氣從容器中移除，殘餘空氣的擴張力也就減弱了。如波以耳所言，密閉容器中水銀氣壓計刻度的下降是因為，沒有足夠的**壓力**以抗衡水銀的重量[8]。

自然知識的疆界

讓空氣壓力或彈力變得可見，成為自然哲學中實驗性計畫的一個主要成就：人造實驗清楚地呈現了，壓力是存在於自然中的一種機械式操作作用力。空氣泵浦的人造效果被認為是關於自然的**事實**。實驗事實為自然的整體秩序提供證言，而這秩序則可以解釋那些事實的成因。空氣泵浦所提供的事實是可見或可感知

8　值得注意的是，壓力及重量可視為彼此獨立但有因果關係的概念。實際上，波以耳並未清楚區分這兩者。後續導引出波以耳著名「定律」（氣體的體積與壓力成反比）的實驗，其企圖在於**量化**壓力。

的，然而它們所支撐的成因卻不是人們感官可以觸及的。如此，要怎麼做才能妥當的從前者推論至後者？這樣做恰當嗎？要如何適當的分別陳述這些事實及其成因？

許多現代論實作者（包括一些如笛卡兒一樣，對於系統性的實驗計畫缺乏興趣的人）都認為，事實知識以及理論知識在知性內涵上是有所差異的。此處，時鐘譬喻再一次被拿來表達人們可能對於「事實」以及「用來形構這些事實背後成因的假說」之間信賴程度的差異。我們看見一個時鐘安放在壁爐上。藉由觀察它規律的雙臂運動，我們得到了關於結果的知識；經由值得信賴的觀察以及傳播，這些知識可以算是事實。在這些條件都得到滿足的情況下，我們可以得到關於這些事實的確定知識；在實作層面上，這就如同數學或者邏輯論證一樣的肯定。但，假定這時鐘的內部運作被牢固地密封在一個不透明的箱子內，實際上無法被我們所察知，那麼，我們便無法得到類似的，關於這些結果之成因的確定知識。我們可以合理的相信這些成因在自然中是機械性的（根據機械論哲學家的說法），但機械細部零件到底是如何安排的，則只是可能的知識[9]。我們關於鐘錶發條如何製造其效果的猜測（即便是有根據的猜測），在理論及假說層次上，有著無法補救的特性。如果這是一個真的時鐘，我們可以在我們想要的時候，拆開其外殼並窺探其內部運作。我

們可以詢問鐘錶匠是如何工作。但是我們無法對自然做同樣的事情，因為我們就是無法直接感知隱藏於自然背後的因果結構。我們必須從結果來推論其成因運作，而且我們也無法對上帝，這個偉大的鐘錶匠提出質問。因此，在提供一個關於世界機械如何運作的可能解釋時，笛卡兒是這麼說的（他在其他場合都堅稱其機械論解釋擁有較高的確定性）：

> 就如同一個勤勉的鐘錶匠可能可以製造出兩個齒輪安排截然不同，但同樣計時精準且外觀上沒有差別的鐘錶，可以確定的是，上帝擁有無限多種的行事方法，而人類的心智是不可能察覺出上帝是選擇運用那一種方法……而且我相信，如果我所列出的成因，其所製造的結果類似於那些我們在日常生活中所看到的，這樣應該就夠了；我們不需要去知道是否有其他的方法可以製造出這些結果。

9　也大約是在這個時候，「可能」（probable）一詞的意義有了顯著的改變。十七世紀之前，如果說一個主張是可能的，意味著那是經過仔細驗證，例如是經過亞里斯多德或其他受到認可的權威所驗證（就如同今日我們所說的「公信力」）。到了十七世紀中葉，「可能性」有了新的意涵，即一個得到足夠證據支持，但並非確定為真的主張。

在波以耳的實驗中，當他提出空氣彈力的說明以及討論其成因的確信度時，這種對於自然成因所抱持的**可能性**主張顯得格外明顯。波以耳說，「除了事實，我只對於極少數的事情才敢有自信地直言不諱」，因為這些事實會經由可靠的觀察及實驗而顯現。相反地，當進一步論及引起這些事實的物理狀態時，波以耳認為要小心為上。他自己在陳述這些成因的假說時「是如此的感到懷疑，且非常頻繁的運用如**或許、似乎、也不是不可能**這樣的敘述，這就好比是在主張，我所偏好的一些意見在真理層次上有所不同」。[10]我們甚至可以從波以耳文本的結構上，看見這種智識內涵上的不同。在《新實驗》中，波以耳說他特意在空氣泵浦所呈現事物之事實陳述，以及偶而出現的關於其因果詮釋的「論述」間，留下一個「明顯的間隔」。如果讀者願意的話，波以耳請求他們將實驗本身以及詮釋性的「省思」分開來閱讀。

波以耳向讀者保證，他並不是因為想要證明或否定某個偉大的哲學理論系統才開始著手其實驗。他說自己向來都不是任何成因理論的擁護者，甚至很少閱讀一些顯赫的哲學系統大師如笛卡兒的哲學著作，「對任何理論或者原理都沒有預設立場」。他宣稱自己「很滿意被認為是，眼中除了自然之書外別無他物」。波以

---

10 此處，相較於培根（波以耳所宣稱的方法論模範），波以耳顯然小心謹慎得多。培根認為物理成因的確定知識是**可能的**，而且是自然哲學的適當目標。

耳藉此傳達，受到理論誘導的觀察有受到扭曲且不可靠的危險。而「系統性」的作法，亦即將事實證據當成與整個自然哲學系統相關連般的處理，這樣的作法被認為是造成傳統哲學實作失敗的成因之一 11。

　　因此，波以耳說，他在空氣泵浦實驗中的所作所為「並不是要去歸結出空氣彈力的適當成因，而只是去顯現空氣有彈力，以及去敘述其效果」。當然，波以耳確實提供了一些導致空氣彈力之粒子性質假說，但這些意見都標示著謹慎小心的記號。空氣的粒子可能擁有如一般螺旋金屬彈簧的結構，它們或可能像是羊毛或海綿，又或者如笛卡兒所偏好的，可以用漩渦來說明彈力。這些成因的推測當然是實驗性自然哲學中的一部分，但它們卻不如事實一般的確定，且它們必須是從適當的事實知識推論而來的 12。從一般實作的層面來看，這意味著，波以耳雖然聲稱自己是個機械論哲學家，但卻從未提供確切的關於物理現象的機械性解釋。如同第一章曾提及的，雖然大體而言，波以耳表達了對於以微小

11 在此，需要強調類似的主張中的誇飾特質：它可用來辨識出科學主張背後權威性的合宜來源。事實上，證據顯示波以耳廣泛地閱讀了系統性自然哲學文獻。在這個部分，他是在建議將觀察及形式上理論化過程間的傳統緊密連結予以鬆綁。將這兩者完全分離不大可能，且波以耳必然是以一套理論上的預期來探討其實驗成果，否則他將無法判斷實驗成功與否，更無法利用其觀察來支持他所謂的粒子論或者機械論假說。

機械解釋物理現象的信心，但他和他的追隨者與笛卡兒之間一個
很明顯的不同處在於，他們拒絕精確的說明，是哪種大小、形狀
的機械粒子，在怎麼樣的安排以及運動狀態之下，才會引起如我
們所觀察到的彈力、色彩以及氣味諸如此類的特質。原則上，這
仍然是機械論的一種，只是其界線是由事實知識與成因／理論知
識間所應有的不同程度確定性來進行劃分。

　雖然波以耳承認，對實驗性自然哲學來說，追求成因是應當
的（儘管只是假定的成因），但的確是有一些型態的知識必須被
排除在實驗性自然哲學之外。如果說，事實將被當成是改良的自
然哲學之可靠基礎，那麼這些事實就必須是可信的，能夠不被其
他較不確定或較不清楚的知識所污染。一般來說（雖然並非完全
通用），十七世紀英國的實作傾向於否定在自然哲學中出現明顯
神學、道德，以及政治考量的合法性。雖然現代論自然哲學家所
閱讀的自然之書被當成是上帝之書，但也常聽到有人說，機械論
哲學應當著重於自然的機械面向。比方說，在 1660 年代關於波
以耳空氣彈力實驗的批評中，便有人質疑機械論是否足以說明該

---

12 波以耳自己亦非總能察覺出他所宣稱的，介於事實與理論間的界線。有時候，
　他把空氣彈力當成可以解釋實驗結果的成因；其他時候，他則把彈力當成是確
　實經由實驗所顯露的事實。波以耳也從未嘗試寫下，如何從「事實」推論至「事
　實之機械性說明」的規則（哪怕只是暫時性的）。

現象，並主張將宗教力量也納入考量的必要性。在強調自己全心的虔誠後，波以耳提醒他的批評者自然哲學應有的界線：

> 沒有人（比我）更想承認並尊崇神聖全能的上帝，（但是）此處的爭議不在於上帝能做什麼，而是自然成因能做什麼，而無須討論自然之上的事情……對於一個真正的哲學家來說，我想，（機械論）假說所需要的，只是尋常自然過程中所闡明的事物；誠然，如奇蹟之類的事情就需要求助於其他方式的說明。

雖然在自然次序中，上帝及聖靈的力量是公認的，但對於波以耳及其夥伴來說，自然哲學的範圍是為機械方法所界定的；上帝就是用這樣的機械方法來創造「世界時鐘」，使其功能如機械般的運作 13。以事實為基礎的實驗性自然哲學，提供了探討自然底層成因結構知識堅實且廣為認可的方法。許多人認為，是神學、道德、形上學，以及政治相關的討論製造了歧見以及衝突。如果改良後的自然哲學企圖提供一個全然的確定性，那麼，它與

---

13 第三章將從質與量兩方面著手，藉由留意「機械性詮釋之世界在神學上的重要運用」以及「純粹機械論在解釋自然現象上的適用程度」，進一步探討自然哲學的此一面向。

容易引發爭論的文化領域之間的界線就應該要區分清楚。波以耳是這樣說的，「人類知識的進步」之所以受到阻礙，是因為「將道德以及政治引入物質自然世界的分析；在這樣的自然世界，所有事物都是照著機械定律來進行」。換句話說，像這樣人們可以掌握的知性且客觀的自然知識之所以可能，便在於將自然哲學與「交雜著人類情感及利益的」文化予以分離，並以機械面向來詮釋自然。想要知性且哲學性的討論何謂「自然」或者「物質」，在當時就是得用機械方法來說明。這並不全然是說，機械論足以解釋人類經驗中的所有現象。現代論實作者彼此間的重大歧異便在於，什麼樣的現象才能被當成自然的。

讓知識公開

長久以來，人們習慣藉由個別實作者的文獻來勾勒科學革命的輪廓。但是，自然哲學家並不是一直獨自一人製造知識，況且知識這個概念本身就涉及了一個公開且共享的社群，與個人層次的信念成對比。為了建立其可信度並確保知識的地位，個人信念或經驗必須有效地與其他人共享。的確，光是在如何使經驗能有效而可靠地從私人領域跨入公眾領域此一問題上，現代論自然哲學家們就投注了許多省思以及實作。許多實作者認為，當下自然

哲學之所以為人詬病，就是它過度的私密及個別化，在下一章中我們將會討論知識的個人主義以及私密性所導致的一些危險。

我們先前已經談過，十七世紀的英國實證傳統特別強調，特殊事實可以作為自然哲學知識的堅固基礎。然而，如果特殊經驗想要扮演這樣的功能，其真實性（是確實發生過的事件，是在特定歷史時間點進行的事件）必須藉由某種方式來得到確保，並取信於社群。因此，如果類似的特殊事件想要變成知識共享的一部分，就必須找出可靠的方法，使其可以從個人擴展至其他許許多多的大眾。波以耳及其同伴發展出一套相當新穎但多樣的技術來協助將實驗及觀察得到的經驗，從個人領域移轉至公眾領域。首先，讓我們回顧實驗計畫裡的一個有利要項，即，能在實務上更有效的控制經驗。與純粹的自然現象不同，這些在儀器（如空氣泵浦）中製造出來的現象，在特定的條件之下，可以隨時隨地進行。經由特別的安排，可以集合目擊者來觀察實驗結果，並為其作證。波以耳留下的文獻中有時會提及他那空氣泵浦試驗中目擊者的姓名。此外，實驗展演是皇家學會聚會的固定項目，而且同意實驗結果的目擊者，會在學會所提供的登記簿上作證。其次，波以耳建議，實驗報告的書寫形式應該讓遠方的讀者（那些無法親自到場目睹的人們）也能複製相關的效應。這個建議影響深遠。操作方法、材料，以及環境都應該鉅細靡遺地詳述，如此，

有心的讀者便可以重現相同的實驗，成為現場目擊者。

　　事實證明，這些方法對於推廣經驗不是很有用。光從現實層面來看，直接目擊者的人數向來都很有限：在波以耳的實驗室中最多可能只有三到六個能夠勝任的同僚，而皇家學會實驗的觀眾很少超過二十個，甚至通常遠遠少於這個數字。而且雖然波以耳的實驗紀錄鼓勵大家複製實驗，並提供實驗進行的詳細說明，但幾年後，甚至他自己也承認，很少有人曾妥善的複製其空氣泵浦實驗，並認為之後發生的機會也很小。因此，若想要有效的推廣經驗，就必須想出不同於公開目擊以及實體複製的方法。

　　有人從科學報導的形式中找到解決之道。藉由科學描述的**書寫**來推廣經驗，提供無法親身參與（可能一輩子都無法參與）的遠方讀者關於實驗進行的生動描述，如此，他們可能可以成為**虛擬目擊者**。大多數的實作者並不是因為目擊或複製了波以耳的實驗，才將他的事實特例（factual particulars）納入自己的知識庫中，而是經由閱讀他的報告，並發現了足以支持其準確性與真實性的根據。正如波以耳所言，他的描述（以及那些能夠遵循其所推薦之書寫形式的描述）是要成為新實作的「永久紀錄」，而讀者「無須藉由再次親手實驗來獲得該實作的確切概念，或許可依此為根據來進行思考與推論」。虛擬目擊涉及了在讀者的腦海中製造出一個實驗場景的影像，來免除直接目擊或者複製該實驗場景的必

要性。在波以耳的實驗書寫中,這意味著非常**詳細**的描寫,通常會不厭其煩地一一詳述該實驗是在何時、如何以及何地進行;何人在場;重複進行幾次;以及確切的實驗結果。實驗紀錄應該充滿大量的數字細節,而且無論成功或失敗都應該紀錄。如此冗長繁瑣的書寫形式或許可以「讓讀者不致懷疑」相關實驗結果,或許也可以藉此向讀者保證,這些事實特例確實曾在特定的歷史環境中進行。

　　科學紀錄的書寫者以一種無私並謙卑的姿態呈現在世人面前,不關心自己的名聲,也不隸屬於任何偉大的哲學理論學派:波以耳說,「我並無意要參與或對抗任何型態的自然學家。」這樣的一個人是可以信賴的,而其敘述或許可以被當成自然本身的忠實證言。詳細且誠實的書寫方式或許可以把將讀者轉變成目擊者。經驗得以向外傳播,而自然哲學實作的事實基礎會更加牢固。一旦自然知識的事實基礎藉此得到確保,關於成因的探索便可以安全地進行。

什麼才是實驗的重點?

　　作為改革後自然哲學的基礎,特殊事件的累積是現代論實作的重要元素之一;這在英國特別受歡迎,但在歐陸也同樣具有影

響力。以倫敦皇家學會為中心，廣泛的實驗及歸納實作，藉由科學「情報」網向外傳播，並在幾個歐陸國家甚至是在美洲殖民地新生的科學文化中取得立足點。但這種確保自然知識的方法絕非未曾遭受挑戰，一些現代論者就全盤地或部分地否定它。現代論的內涵，絕非只有系統性的實驗操作，或者「大量可信的事實特例是提供自然哲學知識的唯一穩固基礎」之觀點。

　　比方說，笛卡兒認為，要找到適當的自然哲學知識之基礎，應該是經由理性導引的懷疑論以及自我質疑而來。你可以質疑任何事情，但一旦你推論至無可質疑的原理時，你便找到了哲學的基礎。笛卡兒自身未曾操作過大量的物理實驗，且雖然他曾形式上地表示，希望「無窮盡的實驗」能被進行，但他並不認為必須等到這些實驗結果出爐才能創制出一個堅實的自然哲學。實驗有其角色，但卻沒有必要用堆積如山的特殊事件來增加其數量，更不用期待從中歸納出可靠的一般哲學原理。笛卡兒甚至抱怨，近來流傳的那些實驗包含了**太多**的歷史細節與特性，以至於無法運用在哲學上：「它們絕大部分都被無謂的細節以及過多的要素弄得異常複雜，以至於研究者很難發現它們想要傳達的真相的核心。」與波以耳及其同僚不同，笛卡兒對於一個社群是否能運用道德以及文學手段來確保實驗報告整體的可靠性抱持著懷疑的態度。

　　在英國，霍布斯是唯一，也是最激烈反對波以耳及皇家學會實驗計畫的人。在他眼中，這是一個完全沒有意義的計畫。如果說，人們真的可以從結果看出成因，只要進行一個實驗不就夠了？為什麼還要系統性地進行一系列的實驗？同樣的，對霍布斯來說，那些如波以耳空氣泵浦所製造出的人造效應是否對自然哲學那麼重要，或者值得花費心思去進行那些實驗，都是很可議的：「我想從實驗中得到的，可能從自家後院，或從確定無誤的自然史中就可以找到；那些對每個人來說都平凡無奇的事物之成因知識，對我來說也是很夠用的。」[14]任何冠上哲學之名的知性活動都無法滿足於實驗計畫在成因推論上的謹慎。霍布斯是這樣談及皇家學會的，「他們可以製造機械（以及）容器，然後試圖做出結論；但這些並不會使他們更像是哲學家。」1660－1670年代，霍布斯試圖證明，波以耳的空氣泵浦系統性實驗計畫是不可靠的，他甚至提供了另一種關於泵浦作用及進一步推論的詳盡說明[15]。

　　系統性收集事實的計畫可以是自然以及人造效應的紀錄：它

14　因為這樣，霍布斯雖然是十七世紀亞里斯多德學說的猛烈批判者之一（如前面曾簡短提及），卻明顯與經院學派一樣，重視一般觸手可及之經驗的價值，並注意到只有少數人知道的罕見經驗的問題。

15　雖然早期皇家學會圈內對於遵照波以耳實驗步驟所製造並驗證的事實之可靠程度感到滿意，但並不是每個人都這麼想。除了霍布斯之外，一些重要的歐陸學者也認為，波以耳及其同僚所認定的所謂事實，並不一定真的就是事實。

可以被當成是**自然史**。但霍布斯堅持，所謂的**自然哲學**應該要如過往所詮釋的一般，是確認自然成因的任務，即「哲學（就是）關於成因的科學」，而他看不出來要如何從大量的特殊事件來推論確切的、可以被當成是哲學的知識。（想要冠上哲學之名，這樣的實作便不能佯裝如波以耳學派一般，對於自然的因果結構小心謹慎。）它反而應該要**從經由理性建立的正確成因出發**，推論至效應。因此，霍布斯認為波以耳對於空氣彈力成因的膽怯是不合理的。想要表現得像個真正的哲學家，你就應該在堅實的基礎上說出什麼是真正的成因。不這麼做，你就只是個講述自然現象故事的人而已。因此，關於實驗計畫的評價便在於，什麼是自然哲學知識應有的產物。經驗以及理性思考，這兩種實作在知識製造上的相對位置為何？關於自然秩序的探索可以確定至何種程度？而這個確定，應該落在事實特例以及理論條目之間的哪個位置上？而對於真正的哲學探索，人們所該期待的確定性又為何？

雖然霍布斯是個機械論哲學家，雖然他生涯大多時間都在英國生活及工作，但他對實驗方法的否定以及其尖銳好辯的個性，意味著他從未成為皇家學會的一員。在1670年代，廣泛的波以耳式實驗及自然史計畫仍舊是皇家學會整體事業及文化形象的主要特徵。如我們曾討論過的，雖然在探究自然方面，波以耳式的粒子論原則上與數學方法彼此相容，然而事實上波以耳本人對於

數學形式的過度理想化是持相當保留的態度，而他的實驗作品也都很明顯的避免數學體系或者數學描述。這包括了當今科學中，波以耳最為人所知的氣體壓力與體積的相關「定律」；波以耳從未稱之為定律，他也未曾將之用數學符號來表達。

　　許多關於科學革命的描述都將牛頓以及他較為年長的同事波以耳寫成是將機械論以及實驗計畫帶往成熟境界之人。的確，在英國已經有許多人努力地想說明波以耳實驗計畫（主導1660及1670年代）以及牛頓研究計畫（之後逐漸取得影響力）之間的延續性。然而，波以耳與牛頓在某些方面有著重大的歧見；像是如何取得可靠的自然知識、物理探究結果的確定性為何，以及經驗在自然哲學中的適當位置在那裡等問題。早期皇家學會的實驗計畫主要是想藉由矯正**教條主義**來改革自然哲學。一旦實作者都瞭解了不同型態的知識具有不同程度的確定度，自然哲學便可以穩固的扎根，並在正確的道路上向前邁進。皇家學會的領導階層支持波以耳的觀點，認為實作者應該對於經過反覆驗證的事實充滿信心，但對關於成因的宣稱要抱持較為謹慎的態度。以事實為基礎的成因知識，本質上就不具備如數學證明般的確定性，而那些冀望物理探究可以生產出如純數學模型般確定因果知識的人則被認為是誤入歧途的教條主義者。他們是在分類上出錯的：將「關於真實、可感知事物及其效應」的探究，與「數學的抽象世界」

搞混了。自然哲學家應該要盡早瞭解，其理論解釋中的暫時性以及可能性。

　　就是在這樣的環境之下，對幾個知名的皇家學會實作者來說，牛頓早期發表的部分研究並不是與他們相同的自然哲學計畫之實踐，反而是已遭受貶抑的教條主義之再現。此處，受到質疑的一系列實驗在當時被稱為關鍵實驗，因為它宣稱可以在兩個關於光本質的競爭理論中做出決定判決。與巴斯卡與波以耳所調查的氣體力學或者流體力學現象相較，研究光之特質及行為的光學在當時還不是那麼容易融入機械論的架構之中。然而，在十七世紀已經有許多人努力地在發展光的機械理論。

　　當陽光經過三稜鏡折射後所出現的、如同彩虹一般的色彩光譜，在當時已廣為人知[16]。十七世紀之前，人們習慣將顏色與光當成是不同的主題處理。不同顏色的物體傳統上被視為具有其獨特的實際存在特質，就像是紅質、黃質等等。但這麼一來，便會率涉如何區分主要性質與次要性質的問題。這樣的緊張關係驅使機械論哲學家發展一些理論，以避免用不同的實在特質來解釋不同顏色的物體，進而將關於色彩與光的認知融合一體。在1630

---

16 「折射」指的是，當光從一個透明介質進入另一個介質時產生的彎曲，譬如當光從空氣進入水中。「折射率」則是指，不同型態的光所能產生的彎曲程度，或是指不同介質所能造成的彎曲程度。

年代，笛卡兒便針對光的機械理論進行了一次重要的嘗試，他將光視為是宇宙中所充斥著的一個個小球狀體所產生的壓力效應，而我們的色彩感知則是由球狀體不同的自轉速度所造成的。照笛卡兒的說法，在經過三稜鏡折射時，原本產生純淨白光的球狀體的轉動受到影響，而其受影響程度則決定了我們所看到的是那一種顏色。因此，雖然笛卡兒提供了關於光與色彩的機械論說明，他仍保留了一個傳統上的普遍假設，也就是光的原始型態是白色的（就是自然光），而如通過三稜鏡折射所產生的顏色，則被歸因於白色受到了修正。

　　牛頓的關鍵實驗包含了**兩個**三稜鏡，這兩個三稜鏡的位置是這樣安排的：通過第一次折射的彩虹光束中，只有一道光束會經過第二次的折射（圖23）。如果傳統理論中關於白光根本特質的說法是正確的，那麼經過第二次折射的光束應該也會產生顏色變化。但是，如果正如牛頓所假設的，白光本身是不同顏色光束的集合體，那麼經過第二次折射後的光束，其顏色應該保持不變；而這正是牛頓所觀察到的現象。他歸結，每道光束都有其獨特的折射率。雖然同時期的人們在定位所謂的關鍵實驗上感到非常棘手，但在實質上最大的問題在於牛頓對下面一系列問題所作的宣稱：這個實驗確立了**什麼**？它**如何**確立關於光的理論？以及這樣作能有多大的**確定性**？

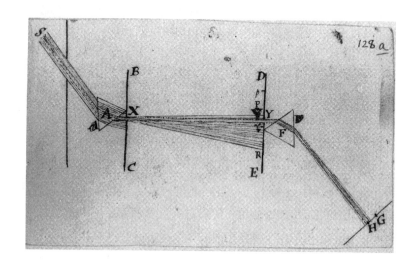

———— 圖23 ————
牛頓的「關鍵實驗」。這幅圖繪是從
牛頓在任教於劍橋大學數學盧卡斯講座時的光學授課手稿而來的，
顯示了雙三稜鏡實驗的初期版本。

科學革命

The Scientific Revolution

　　與波以耳不同，牛頓在1670年代初期與皇家學會的通信中，只提供了關於稜鏡實驗之操作及環境非常粗略的說明。雖然該實驗被形容得非常具關鍵性，但其報告卻極不詳細。牛頓的確承認他的實驗報告相對來說個人風格濃厚；他輕描淡寫地說，「這些實驗的歷史敘述會讓一篇論文顯得過於冗長且雜亂，因此我寧可先規範**原理**（the Doctrine），然後，為了檢驗該原理，再提供一兩個**實驗**的例子來當作其他實驗的樣本。」稍後，他藉由與波以耳式的實作對比，為自己稀少的實驗敘述辯護：「應該重視的不是實驗的數量，而是該實驗的份量。如果一個實驗就足以說明現象，為什麼需要更多的實驗？」顯然，在牛頓的自然哲學中，歷史特殊經驗將失去它們在波以耳眼中的重要性。

　　此外，在1672年牛頓與皇家學會間關於實驗結果的最初通信中，他宣稱已經**確定地**查明了光學現象的「真正成因」。

　　很少自然學家會期待看到（關於顏色的）科學以數學的形式呈現，然而我大膽地斷言，這其中的確定性是毋庸置疑的，就如同在其他光學的領域一樣。我所說的並非假說，而是最堅實的結果；不光是從如此這般的推論中獲得的，也不是因為它滿足了所有的現象……而是由實驗的沉思中顯現，直接且毫無疑問地。

在此，牛頓所說的三稜鏡影像的「真正成因」是指，光是由不同折射率的光束所構成的詮釋。但此處的成因也涉及了光束的物理本質之粒子論，這是牛頓於1670年代持續推敲的一個理論，也與他整體而言對於機械論形上學的投入相符。

如果牛頓真的斷言他所建立的物理成因是「確定」且「毋庸置疑」的，那麼這正是皇家學會實驗學者曾被教導應該要加以拒否的教條主義。波以耳的同事——虎克即因此譴責牛頓[17]。就算牛頓的實驗紀錄是誠實可信的，就算牛頓的假說可以說明其發現，也不代表物理學的探究能夠**證明**，任何宣稱可以說明事實背後因果關係之理論的真偽。正如同時鐘隱喻所暗示的，如果我們是從外顯的事實現象來推論隱含的因果關係，那我們就必須接受，會有**好幾個成因理論**可以解釋同樣的現象。在這種推論的情況下，沒有絕對的證明，只有可能性的存在。虎克便說，他也有一個光學理論可以「毫無困難地」解釋同樣的現象。他承認牛頓的理論是個「巧妙的」假說，「但我無法想像那會是唯一的假說，

---

17 但牛頓是否真的做了如此之宣稱？在虎克的壓力之下，牛頓否認曾經如此宣稱。他說自己是把現象背後的成因機制擺到一邊，或者，他只是假設性地研究這樣的機制，就如同在第一章中曾提到的，他對於重力的觀點一樣。他說，他不會把「猜測跟確定性攪和在一起」。但是虎克的推斷並不是沒有根據的：牛頓當時的筆記顯示了他對以粒子論來詮釋光的物理本質的強烈投入，而這與他的公開宣稱並不相符。

或者那可以如數學證明一般的肯定」。牛頓之所以受到抨擊，便是因為他違背了波以耳所說的，一個合宜的自然哲學家所應具備的謙遜及良好風格。

我們也可以這樣說，牛頓其實並未嚴重違反這一套遊戲規則，即便他堅持另一套遊戲規則也是合理的。他所追求的是，在物理探索中所能達到的合理範圍之內，如數學證明般的確定性。他並不滿足於可能性，也不接受波以耳學派對於自然哲學所應具有的確定性所作的限制。他希望，「我們能夠成就一個，為最堅實的證據所支持的自然科學，而不是隨處可見裝飾性的推論及可能性。」牛頓對於物理探究之確定性的期待來自於他自然哲學實作中的數學基礎，而非經驗基礎。他拒絕一切的理論，除非它們可以從實驗中數學性地「演繹」出來；而這些可以如此合理演繹出的理論就該是絕對的肯定，而非是小心翼翼的可能性[18]。如果可能的話，他的目標是要在同意某種理論的同時，也加上牢固的數學及邏輯演繹；他嘗試著要指引人們的心靈，從必然的真理走

18 在此，「演繹」一詞是牛頓自己的用語，但它的適用與否卻受到一些同時期學者的強烈質疑。普遍說來，「演繹」被用來指稱毫無妥協或異議空間存在的推論過程，然而牛頓的批評者認為，他們相當合理地看到了足夠的空間來進行這樣的異議。的確，牛頓的三稜鏡實驗決不是一個可以輕易複製的實驗，而一些試圖複製但卻失敗的實作者便對這樣的「事實」感到懷疑。

向必然的結論。

牛頓的光學研究所遭遇的困難可以被視為是十七世紀分裂的知識製造之結果。在此，一種在理論上小心謹慎且以經驗為基礎的科學概念，與另一種以數學及實驗工具來宣稱理論確定性的概念並列。膽怯，相對於野心；對於自然特例的尊重，相對於探求放諸四海皆準的理想化；事實收集者的謙遜，相對於抽象化的哲學家之驕傲。你想要捕捉自然的本質並在代表其規律的理論上取得一致的同意？或你想要將自己置於描述的位置上，且歸納出真實存在於這世上之尋常物體的行為表現？

這兩種科學概念至今仍存在，且其構成元素可以追溯至十七世紀。其中的任一概念都不必然是另一概念的失敗版本，然而，許多熱心且盲目的擁護者可能會為他們所支持的實作辯駁，而攻訐另一邊的缺陷。可以說，這些可能是自然哲學家們想要進行的不同型態的遊戲，而決定哪一個遊戲才是最好的，則不同於在特定遊戲中決定哪一個行動才是合理的：在足球賽中的一個由中場到兩翼的精準長傳，與籃球裡一個失敗的跳投是不一樣的。十七世紀的自然哲學家面臨著不同樣式的實作及概念技巧來達到各種不同的哲學目的，也面臨著該選擇什麼樣的目標來達成。雖然目標都是關於自然世界的適當哲學知識之某種概念，但那知識的樣貌及如何確立該知識則存在著極大的不同。

他們用知識做什麼？

WHAT WAS THE KNOWLEDGE FOR?

自然哲學的自我治療

十七世紀的機械論自然哲學家只是試圖令目的論對自然世界的說明受到規範，並不是想要將它完全消滅。但其實作為一個尋常的行動者會認為用目的論的架構來詮釋人類的文化活動是恰當的，大部分當代的歷史學家以及社會科學家也如此認為：人類的「活動」與「行為」不同，活動的本質在於其包含了某種要點、目的，或者意圖等等概念。就像揮手道別這個動作，光用詳盡的肌肉運作來說明是不夠的。同樣地，任何關於自然哲學家一言一行的解釋，都必須同時處理「自然知識的目的為何」此一問題。一般而言，到底自然知識的用途是什麼？精確地說，也就是發生於十七世紀的自然知識改革，其目的為何？自然知識便是在如此脈絡之下成形的（有目的地使用知識），而其意義則是在使用中浮現。

有人可能會覺得，現代早期自然哲學家當然是因為渴望製造並延伸真正的（或可能為真的）知識才進行改革。但我們可以說，這是在任何時代，所有稱得上學者的人都想要做的事。就因為這樣的動機似乎很尋常，它便無法區分不同型態的實作——傳統相對於現代，機械論對比於汎靈論，歸納相對於演繹，等等。因此，如果我們想要處理自然哲學中的變化，或想要解釋不同版本的自

然哲學，「追求真理」這個動機是說不通的。我們需要追尋的，是能夠區分不同型態實作的目的，以及在什麼情境變化之下這些目的獲得了解放。此外，任何影響單一實作者的動機都不足以說明其知識的可信度，或該知識在社會中所獲得的合理性。因此，我們有充分的理由把「對知識的渴望」視為現代早期自然哲學家的動機之一，同時一方面留意自然哲學的變化及分化，另一方面去理解，什麼才是知識得到社會接受及肯定的基礎。而關於什麼是當下真正的自然知識之概念，也是隨著時空而變動的。

　　1670年代，關於光的本質之「關鍵實驗」所引起的爭議過程與牛頓所期待的不同，他的數學自然哲學並未得到其他實作者無條件的贊同，牛頓對此感到憤怒；失望之餘，他甚至威脅要完完全全地放棄哲學。事實上，他所要放棄的是自然哲學（關於物理成因知識的探究），而非數學（從自然現象中辨析得到的規律，無論其物理成因為何）。顯然，數學能夠傳達其所擔保的，可論證的確定性，而自然哲學很清楚其無法達到一致的意見，也無法消除疑惑（儘管牛頓做了最大的努力想要數學化其實作）。牛頓認為，自然哲學應該要提供高度的確定性，且其形式上的操作應該要能夠確保一致的同意。但顯然並非如此。牛頓抱怨，哲學就像是個「傲慢好訟的貴婦人」。

　　牛頓的意見其實反映了十六、十七世紀現代論者對於自然哲

學的文化特質所抱持的感覺。特別是，自然哲學的傳統型態中最為人詬病的分裂及好辯之文化型態。笛卡兒寫道，哲學即使「經過了幾個世紀以來最傑出心智的耕耘」，但在其中我們卻「找不出一件沒有爭議的事情」。一位同時期的英國評論家將十七世紀初期學術界的分裂與好辯形容成「這個時代一種具有傳染性的邪惡」。現代論者看著傳統系統論者不停的互相開火，無知的群眾如同在暗夜之中互相衝突，無法創造任何堅實或具建設性的知識，也無法匯集意見或形成共識。評論家將傳統自然哲學描繪成為人所不齒的學院，失序就是其敗壞的可靠證據。像這樣自己窩裡吵翻天的地方無法（也不應該）再繼續下去，如同我們在第二章談到的，現代論者斷定這整個體系都應該剷平重建。因此，在方法論以及實作的改革方面，其目的大多在於治療自然哲學本身的失調，特別是要矯正它聲名狼籍的混亂狀態。於是，自然哲學改革的第一個目的就是要治療自然哲學本身。若不這樣，生病的自然哲學將無法在文化中獲得信賴，也無法實現其他社會及文化的目的。

　　傳統自然哲學的好辯之風常被歸咎於大學學者的主導地位，以及傳統學者用來建立及證明知識的方法。在大學中，哲學交流的典型形式就是例行的爭辯：不同立場的學者們布署各種洗練的邏輯以及言詞工具來為自己的論點辯護，並擊垮對手的論點；最

後由哲學導師來作結果的判斷。因此，當現代論者堅持，他們不關心文字、只關切事物本身，所指的顯然便是學院內冗長且爭論不休的自然哲學。這種傳統學者好訟及好爭辯的作風不僅為一般市民所嘲笑，也為現代論自然哲學家所輕視。若說哲學改革者將傳統的冗長以及好訟，診斷為知識分子的病徵，那麼商人及上流社會便常把喜歡爭論的學者當成市民社會中可笑及無用的象徵。一位1650年代的英國大學評論家將這種學院文化形容成一種「文字的內戰，言詞的競技，老奸巨猾加上激烈口角的戰鬥。其中，一切言辭上的技巧都被允許、被認可，包括狂妄放肆、傲慢無理、強烈抵制、矛盾、嘲弄、迂迴、貶抑、奚落、支支吾吾、大作噓聲、大吵大鬧、拌嘴、嘮叨、中傷等等，諸如此類」。

　　第二章中介紹了幾種現代論者針對自然哲學分歧及失序現象開出的療法，其中一種就是系統性地構建**方法**，藉由對推論的明確規範以及對經驗的控管，讓所有的實作者都能夠翻閱自然之書的同一頁。時人希望藉由遵照**正確方法**操作械器，或許可以修正實作者在感官上的不足、智力上的差異、以及在理論及社會利益上的歧見。當所有實作者都依同樣的方法進行操作，且都接受同一套知識，那麼就可以真正地消除哲學的失序。但，學者們已經吵吵鬧鬧了好幾個世紀，為什麼這樣的失序會在十六世紀末十七世紀被特別點名需要治療？要回答這個問題，我們需要將注意力

放在自然哲學參與者的變化，以及其所關切利益型態的改變。

十六世紀中葉，哥白尼《天體運行論》（*De revolutionibus*）一書的前言仔細地限制了該書的讀者：「數學，是寫給數學家的。」威廉‧吉伯特宣稱他對一般人的意見毫不在意：「我們不在意，因為我們相信（自然）哲學是僅屬於少數人的。」吉伯特強烈地支持這種排外的意見，試圖就知覺及能力這兩方面，在「一般人」與真正數學及自然哲學專家間畫出界線。傳遞自然世界真理的任務應該是優先保留給那些具備特殊能力的人。儘管早期皇家學會的許多言論都強調自然哲學實作應該要更開放，但就社會的實際層面來看，卻仍存在著許多限制。比方說，在遍及歐洲的各個科學社群中，工匠其實很少被提及——如果不是因為社會對工匠階級的明顯嫌惡，那麼就是由於所謂的智識能力標準預設了一般人難以企及的正統教育。他們認為數學以及大部分的自然哲學應該要由夠資格的專家實作者來進行，而且是專屬於他們的領域；類似這樣的觀點在當時及之後都持續存在並扮演重要的角色。這並不是什麼新鮮事。歷史學家們知道，在古代即存在著這種以能力與理解力的不同，來區分數學科學（包括許多用來解釋物理現象的數學）以及尋常受過教育民眾之所學的情況。牛頓那本被認為標誌著科學革命巔峰，且改變「我們」思考世界方法的《數學原理》在當時可能只有不到百人讀完了整本，而其中可能只有一小

撮人能夠理解。

自然知識與國家權力

　　整個歐洲對於知識及其與社會秩序之間關係所抱持態度的轉變，是自然知識與國家權力之間最全面（雖然難以簡單描述），可能也是影響最深遠的關聯。從中世紀末一直到十七世紀間，影響歐洲政治、社會、文化的**長期危機**，提供了這樣轉變的環境。在這一連串的危機當中較具代表性的包括，自從十三世紀以來封建秩序的崩潰，以及隨之而來強大民族國家之興起；發現新大陸，以及因為地平線擴張而帶來的文化與經濟衝擊；印刷術的發明及其所帶來的文化參與疆界的改變；十六世紀之宗教改革，以及原本統一的西歐宗教之分崩離析。上述的每一個事件，特別是最後一個，都侵蝕了數世紀以來規範人類行為機構的權威及控制範圍。曾經（至少在名義上）將整個西歐一統於基督教權威之下的羅馬天主教會，如今讓位給幾個不同的權威：衝突始於神聖與世俗政治權威之間，接著則是在不同形式的基督教之間，還有基督信仰與世俗政治權威之間的合宜關係。從宗教改革開始，蔓延整個歐洲天主教與新教之間的宗教戰爭（特別是1618至1648年間的三十年戰爭）直接提供了一個機會，讓人們重新思考對知識

的觀點以及知識的定位；無論是用來確保，或顛覆其秩序。

　　這些機構控制的系統在未遭遇重大挑戰之前，其所包含的知識權威也似乎同樣有效。然而，在機構遭遇攻擊且崩解後，關於知識及其適當與否的問題便浮上檯面。在這種情況下，對現存知識系統的**懷疑論**便可能盛行，因為現存的系統再也不是那麼的理所當然。什麼是適當的知識？誰能擔保它是真的？這些知識的確定性為何？又，我們是否應該期待確定的知識？誰能擁有知識？在什麼條件之下？有可能讓每個人都相信同一件事情嗎？如果可以，得靠什麼精心設計的方法？既然社會秩序被認為是源於共識，我們可以展現並實行何種正確思考的標準（criteria）來確保這個共識？人們提供了關於這些問題的可能解答方案，並針對它們的價值展開辯論。

　　也只有當這些歷史悠久的機構，其權威遭受侵蝕之際，這種種問題的解答才變得有意義且迫切需要；而這也表示既存用來確保知識的技術已顯然不足，需要提出新的步驟。要解決智識失序的問題，方法，是眾人所偏好的解答。但，要用哪一個方法呢？這個正確的方法，將要用來解答這個影響深遠的難題：足以侵蝕一切信念的懷疑論。如何限制懷疑論？如何把懷疑論控管在安全的範圍之內？如何如笛卡兒一般，將懷疑的對象指向懷疑論自身，藉由不斷的質疑來找出其界線，並確保界線以

外的事物是全然無疑的？當眾人認為社會的秩序在極大程度上取決於正確的、確保信念的方法時，關於方法的辯論就更如火如荼地進行。將哲學家的事業與廣泛社會大眾的關懷連結起來的，就是如何去面對知識的問題以及腐蝕信念的懷疑論。現代早期，歐洲各機構的一連串危機影響了大眾對於一般知識的態度，也影響了眾人對於自然知識的態度，其原因我們於前面章節已略為觸及，且將詳述如下。自然知識被認為與秩序有著密切的關聯，特別是因為人們普遍認為自然是本由神所書寫的書籍，藉由適當的閱讀及詮釋便得以確保正確的信念，並由此保證正確的行為。反過來說，正確的信念及行為也有可能因為錯誤地閱讀及詮釋自然之書，而遭到破壞。

　　整個歐洲秩序的長期危機主要是當時關於自然知識及其與國家權力和社會秩序之間該有什麼關係之辯論的背景。但也與當時歐洲其他較為特定的發展有關，其中一項就是自然知識參與者的改變，以及伴隨而來的，其對自然知識用途之期待的轉變。如果仍舊只有專業學者對於自然哲學保持關切，那麼就不用矯正其好爭論的性格。中世紀以及現代早期的學者是好辯的，然而沒有幾個大學學者認為這樣子有什麼不好。但自然哲學從來就不是大學學者們的特權，而且在十六、十七世紀，一些相對較新的社會及文化思考開始強而有力地影響自然哲學以及自然史的實作。

科學革命

The Scientific Revolution

從中世紀開始一直到十七世紀末，許多（甚至是大多數）的自然哲學家要不是神職人員，就是在受教會控制（或與其相關）的機構中工作，例如大學。一些名義上並非隸屬於宗教機構的大學也都享有教會的資助，只有極少數能夠（或者希望）將其科學事業與教會的關懷切割開來。但是在近代初期，一些出自不同來源，對於自然知識的支持與關心開始發展，慢慢地與形式上的宗教關切漸行漸遠。

其中的一股潮流（特別是在歐陸）與王公貴族有關。在幾個重要的科學研究發展中，統治者提供給數學家、天文學家、自然史學家，以及自然哲學家的資助扮演著關鍵地位。比方說，近來關於伽利略的歷史研究便強調，宮廷資助的意義不僅在於提供他生活所需，更與他科學研究的主題以及呈現方式有關。「宮廷哲學家們」或許可以將文化的光彩加諸於那些彼此激烈競爭且非常在意名望的義大利王公們身上：伽利略便很清楚，將他新近發現的木星衛星以在弗羅倫斯掌權的麥地奇家族為名，並稱之為「麥地奇星」這件事，對於他的贊助者以及他自己的事業有多大的價值。天文學或許可以提供麥地奇家族一個新的、有說服力的象徵，來將他們的權威與天體（最神聖的根源）連結起來。關於自然以及機械的奇觀之討論，則可能可以彰顯許多現代早期歐陸宮廷所重視的，生動的「市民討論」（civil conversation），以及藉著

公開地展示智慧與奇觀取悅王公及大臣們，並讓他們大吃一驚。在歐洲，從文藝復興後期一直到十七世紀，擺滿自然及人造珍稀奇物的陳列室一直是個值得注意的紳士及貴族文化特徵，象徵著在社會地位上趕流行的企圖，也代表一種系統性的科學調查。此外，從古代起各政府就一直很清楚數學科學在軍事以及經濟上的可能用途（圖24）。科學的「軍事化」並非二十世紀的新鮮事：關於測量以及防禦工程的實用研究，在古典時期就是門重要的「數學科學」分支；天文學則一直都與航海以及遠距離的政治控制有關，這在歐洲殖民新大陸的偉大時期更顯重要；槍砲的使用更意味著，彈道學以及冶金學在歐陸各國戰亂綿延的十六、十七世紀具有舉足輕重的意義。

　　到了十六世紀末，如第二章所提及的人文主義思潮已經開始影響科學研究的參與者及市民社會可能對它的期待。人文主義者希望藉由重新檢視希臘及拉丁原典來純化知識，並強調知識的改革不僅對專業學者來說很重要，對市民紳士的日常實用活動亦然。在人文主義者的鼓吹之下（再加上活版印刷術的發明以及宗教改革），十六及十七世紀初期，所謂的文化教養之內容開始轉變重組。越來越多的紳士們熱切地渴望改革後的知識。日常的道德文學也力促紳士們參與知識，如此不僅可以增進個人的美德，也可對整個市民社會有所增益。紳士們逐漸力促，將那些向來幾

───── 圖24 ─────

瓊納斯·莫爾爵士（Sir Jonas Moore,1617-1679）所著的
《數學新系》（*A New System of the Mathematicks*,1681）之書名頁。
莫爾是英國的軍械檢測長，也是（有時不大可靠的）倫敦皇家學會
科學事業的贊助者。這幅畫描繪數家們將他們的知識運用在實際用途，
特別是測量、航海以及計時。

乎只保留給貧困的神職人員及預備成為神職人員的大學，開放給他們的子弟，以獲取市民生活中的有用知識。而影響最為深遠的，便是那些位居歐洲宮廷核心的作家們開始公開倡導要改革「知識學習」這件事，這不僅是要讓知識學習能與活躍的市民紳士互相配合，同時也想要讓知識學習更有效地成為國家權力的分支之一。

這些作家中就以身兼英國大法官、伊莉莎白一世與詹姆士一世宮廷顧問的法蘭西斯·培根，最為熱心地要將知識學習的改革與公家權力的擴張合為一體，而其影響力也最大。在培根看來，傳統知識學習內容需要整個重組，自然哲學註定要在這改革中占據核心位置。現存的自然哲學內容之「病症」，很顯然地表示出它們並非純正的知識，因此無法為國家的福祉做出貢獻。「知識學習中的第一病症」就是只學習文字而非事物。這也導致了經院學者間「可怖的爭論及互吠的詰問」；自然哲學想要成為可信且具有建設性的知識「是不可能的事情，除非這種知識特質成為大眾輕蔑的對象，除非人們開始覺得爭吵及論戰於真理的追求有弊而無利，且覺得它們都已誤入歧途」。的確，許多不同的文化都有這樣的傾向（包括我們自己的文化），就是將一門知識中的爭論，推論成該知識是全然地不可靠與不真實。

主權國家意識到，它們應該關心的是信念及其專業。個人

主義的信念對於宮廷官吏來說，是個會引起焦慮、而非值得稱頌的智識進展。國家以及國家教會有責任監控及管理一般的信念，當培根宣稱自己已將「所有的知識收入自己的領域之中」，他所使用的「province（領域）」一字是伊莉莎白時期從拉丁文的「provincia」演變而來，指的是中央政府底下的一個行政管區。知識應該被有效率地置於國家的行政權限之下。培根憂心於智識思潮的離心效應；這效應與十六世紀宗教改革有關，特別是其所強調的，藉由自身的啟蒙，個人有權力決定自己的真實。培根譴責智識的個人主義者是「任性的」，之後的評論家也指責那些自稱可以透過直接的啟發（無須透過神職員的轉達）來瞭解神聖真實的宗教「狂信者」。

當然，一定程度的智識自由是改革的前提，畢竟經院學者就是因為太過「盲信」亞里斯多德權威而遭致批評；但**未受控制且未經規範**的信念自由，則被認為對善良秩序有害。因此，各種形式的知識奧祕及個人主義，都會威脅國家權力及其權威，而培根的智識改革計畫，其要旨就是要透過國家認可並經由國家所施行的手段來試著保障一般秩序。如我們所見，**方法**在這些手段中相當地重要。方法被形容為一台製造可靠並能夠共享的知識之機器。但在培根的計畫當中，並不是透過受規範的個人推論（如笛卡兒），而是透過有組織的**集體**勞作，來施行適當的方法。自然

哲學的改革將伴隨著國家官僚制度將「方法－機器」收編為其工具之一。對自然哲學失序現象的強制治療將移除一個對國家的威脅，並為國家帶來一個具潛力的智識權威來源。

培根在1627年的著作《新亞特蘭提斯》（*New Atlantis*）中闡述了關於這個集體勞作的知識改革烏托邦計畫。在虛構的班塞勒大陸（Bensalem）上，培根所描述的「所羅門之屋」是一個依照智識程度來分眾的官僚化研究及工程機構，其目的在於滿足一個帝制國家的利益。所有所羅門之屋的成員都是國家官僚，支領國家月俸。他們的研究工作有兩層目的：其一，在於擴展自然哲學（「關於成因的知識」）；其二，在於擴展權力（「擴展人類帝國的界限」）。所羅門之屋的研究工作提供動力與能量給班塞勒王國中的領土擴張主義者，並得到國家資源（作為其報酬）以製造更多知識。

培根堅信，一個在方法上經過改革並受到規範的自然哲學，將增加其控制者的權力。這在兩種意義上是對的。首先，知識的控制被認為是一種國家權力工具。任何放棄其控管人民信念之權力的國家，都是把自己的權威置於險地。其次，正如同培根這句名言所提及的，「人類知識及人類權力將二合為一。」要證明自然哲學為真，自然哲學知識就必須有能力產生實用的效果，並製造出控制自然的方法。這就是為什麼改良後的哲學可以名正言順

科學革命

The Scientific Revolution

要求國家資源的支持。

　　培根所虛構的所羅門之屋，與十七世紀中葉開始出現的科學學會及學院有許多不同之處，如1657年成立的弗羅倫斯實驗學院、1660年的倫敦皇家學會，以及1666年的巴黎皇家科學院（圖25、26）。雖然這些學會都或多或少享有宮廷或者國家資助，但只有巴黎的學會是統合在中央政府之中；其成員領取皇家俸祿，而其科學儀器也耗費了大量的皇室財富。反而是宣稱受到培根啟發的倫敦學會，雖然非常期待具體的皇家贊助，卻只有得到一紙證書。然而在許多方面，這些遍布歐洲的新科學學會之所以出現，正回應了培根在其書中所鼓吹的：對於秩序的關心。

　　首先，這些學會象徵了大學以外，另一種型態的研究組織，而且在許多場合裡，學會的領導者都清楚譴責階級鮮明且好爭辯的大學系統，認為它們不適合真正的自然哲學。培根說，「大學是」知識「疾病之場所及主要區域」，而皇家學會的擁護者（當中有許多的大學成員）將大學裡的權威主義等同於是種對純正知識進展的毒害。一位早期的評論家寫道，「至今，絕大多數製造知識的場所並非實驗室（應該製造知識的地方），而是大學（由一些教授，而其他人只需贊同）」，這對哲學的傷害很大。大學畢竟是養成青年人格的重要機構，也正因如此，其未經改革的狀態不只可以說是不幸，更是有害的。這些新學會企圖要提供一種特

他們用知識做什麼？

What Was the Knowledge For?

───── 圖25 ─────
法王路易十四世（King Loui XIV，圖中者）以及其大臣寇博特（Colbert）
於1671年參觀皇家科學院（Académie Royale des Sciences）的想像場景。
一個由荷蘭自然哲學家惠更斯所設計的空氣泵浦位於圖的左方。

科學革命

The Scientific Revolution

Accademia del Cimento fiorita in Firen.ᵉ sotto la protezione della
Real Casa dei Medici nel Secolo XVII.

——— 圖26 ———

弗羅倫斯實驗學院內的一次聚會。該學院是於 1642 年伽利略去世之後，
由其門生維維安尼（Vincenzo Viviani）、托里切利和他們的夥伴們所成立。
它的贊助者是當時掌權的托斯卡尼麥地奇家族裡的兩位主要成員，
弗地南大公二世以及李歐帕大公，這兩位同時也是業餘的實驗者。
這是一幅虛構的學院聚會場景之復原圖，出自 1773 年瓦賽里尼的一幅版畫。
在畫的左前方可以看見一些學院內部所使用的儀器。
牆上的半身像就是李歐帕，而壁龕下的義大利格言（Provando e riprovando）
則是「嘗試再嘗試」，表現出學院成員對於自然哲學中實驗方法的投入。

別適合進行新實作的嶄新組織型態；它們自認其中心特質是新知識的製造，而非只是看守並評論舊知識；他們也試圖結合科學的進展與一般市民的關切（雖然成效不一），而非全然是學院的或宗教的。第二，大多數的新學會都以某種形式上的方法概念作為號召，雖然它們採用的方法論不一，卻都認為要製造適當的自然知識，非常仰賴受規範的集體勞作。在現代論的自然哲學中，個人主義的觀點仍然相當強勁有力，但科學學會的出現說明了改革與集體活動之間的緊密關聯。

　　最後，在製造及評估自然知識方面，這些新學會都明確地表達了對於規律以及適當行為規則的關切：傳統學院生活的爭吵不再適合它們。新知識的正當性將藉由其禮儀與集體製造的良好秩序而展現。一位早期倫敦皇家學會的評論者宣稱，其成員組成絕大多數是「自由且不受拘束的紳士們」。的確，一些新學會是較為貼近一般市民且具較為高尚的風格，與傳統經院風格形成明顯的對比。當培根基於人文主義的立場，讓改革後的自然哲學得以適用於市民紳士的同時，如尊貴的波以耳（the Honourable Robert Boyle）這樣富裕且關係良好的英國—愛爾蘭貴族，其在皇家學會的活躍程度更具體地實現了培根的願景。自然知識的事業在有識者精心地安排下開始吸引並適合市民紳士的加入，而自然知識參與者的改變的確相當重要。一個由紳士們所主導的學會可以在進

行哲學辯論以及評估證詞時,更有效地制定高尚的禮儀規約。紳士般的學會有其自身非常完備的常規來確保良好的秩序。市民紳士對於自然哲學的向心力提供了另一個強有力的選擇,以取代經院學派的紛擾不休[1]。

也因此,用來規範現代早期紳士們進行「市民討論」的規約對於一些可能引發爭議,或導致分裂的議題非常小心。人身攻擊以及具爭議性的政治、神學,還有形上學,都被認為是對良好秩序與持續對話的威脅。就如同波以耳所言,事實能否建立,取決於能否好好保護那條介於事實與理論之間的界線,在倫敦皇家學會的宗旨裡清楚地禁止成員在其科學聚會時討論宗教與政治,類似的規定也被寫入一些歐陸學會的宣言之中。一位法國皇家科學院的先驅便宣稱,該科學院試圖讓「會議中不會出現有關於宗教奧祕或國家事務的討論」。[2]這樣的議題被認為只會導致分裂,而且在1660年代之前已經出現過一些哲學學會因為彼此間對於形上學的重大歧異,而導致分裂的慘痛經驗。我們在第二章曾提

---

1 當然,絕非所有的自然哲學家都是紳士,即便英國皇家學會也不例外。我們至今仍對「科學學習」在歐洲任何一個社會裡的分布情況缺乏瞭解,但我們的確知道許多重要的現代論實作者,其出身並不是那麼高尚。然而,用來規範行為的紳士規約,其重要性在形式上是與受其約束的個體身分無關。就好比教堂中應有的行為舉止並不是只適用於基督徒社群,甚至上帝的信徒而已。同樣的,要如何表現才像個紳士,這樣的知識也不限於紳士而已。

到，許多這樣的事情被認為是先天的個人主觀意志所致，並非理性所能彌補或加以約束的。改革後的自然哲學就是要提供其參與者一個安靜並井然有序的空間，藉此，或可得到關於自然可靠及客觀的描述，參與者以文明的方式來處理歧見，不至於因此拖垮整座知識的殿堂。

科學作為宗教的女僕

在論及宗教如何影響我們對於科學及其歷史的認知時（假設宗教真的有影響），二十世紀末的現代論者已經習於聽到如「科學與宗教間無可避免的對立」這種說法。可能有人會從這樣的觀點，閱讀我在前面章節中所描寫的，關於機械論哲學，以及關於改革後的自然知識與世俗關切的關係。現在是全盤矯正任何類似印象的時候了，因為關於自然科學在現代早期的變革是「受到反對宗教的衝勁所鼓舞」或「這變革會因此威脅宗教信仰」，諸如

2　實際上，這些禁令只是針對有爭議的神學或政治議題。例如，這些學會的成員都將上帝造物視為理所當然，便不會將關於世界的神聖起源視為宗教議題。但是碰觸到像是：關於人類自由意志的範圍、聖餐中的酒與麵包轉變為基督的血肉此一事件的物理事實，或教會與國家所應有的關係之類的議題，就可能被視為是具爭議性及破壞性的。

此類的說法需要接受更小心的檢證，甚至會被否定。當論及十七世紀自然知識的改變時，不可避免地得提到它在**支持**及**擴展**廣義的宗教目標上的作用。

「十七世紀科學與宗教之間的必然衝突」這件事根本就**不曾存在**，但是在一些自然哲學家的觀點以及一些宗教機構的利益間，的確存在一些相當特殊的問題，且這些問題因為我們提及的變革而更快浮上檯面。從中世紀開始，亞里斯多德學派自然哲學便已在經院哲學文化中被「基督化」了，而且經過了長時間的修改適應，一些本來可能會有的「異教徒」觀點與基督教義之間的不合，也都已經被擺平、調解或被直接擱置一旁。羅馬天主教會不但已經學會了如何與古希臘及羅馬哲學共處，更積極地把部分哲學調整納入一般信念的系統中；這些信念與聖經及神父所傳授的教義彼此相容。基督信仰的機構是與傳統自然哲學知識內容一起發展的，特別是與亞里斯多德、科倫，以及托勒密相關的知識。這意味著，任何試圖對傳統自然哲學所進行的系統性挑戰，都可能會被視為是對基督教本身的攻擊。

因此就像伽利略對於哥白尼學說的支持（認為那是對宇宙物理運作的真實描述）受到天主教會部分人士的讚賞，但終究遭遇來自宗教法庭的激烈反對。伽利略在否定托勒密的地心說以及地球不動系統的同時，也被認為是在拒絕聖經所記載的真實。聖

經裡的確會不時提到地球的穩固以及太陽的移動，於此，伽利略「非常虔誠且謹慎地確認了，聖經所記載的一切都不可能是假的」。而《約書亞記》所提到的靜止不動之太陽同樣被承認是真的。但是在此伽利略堅持，上帝的自然之書也至少與聖經具同等地位的真理來源，因此，自然哲學家們在詮釋受神聖啟蒙的文字方面，也具備了至少與神學家們一樣的地位。根據自然之書最佳詮釋者的意見，哥白尼學說在物理上是真的；而伽利略堅持既然吾人公認真理不該互相矛盾，那麼就不應該從字面上來理解聖經所提到的，地球的穩固與太陽的移動，而應把它當成比喻；那是用來順應一般民眾的心智能力，「以免困擾他們膚淺的心智」。這個策略想要在神學家的專業之外，打開另一個自然哲學詮釋的合法空間，但並沒有任何與神學對抗的意思。畢竟，作為自然哲學家專業知識來源的自然之書，只是如提供神聖知識的聖經一般。事實上，可以說伽利略想為自然哲學家爭取的，不只是文化上的平等：他時不時把聖經內容的含糊不清與自然之書詮釋的清晰拿來對比，這意味著，在詮釋上帝的言語方面，專業的自然哲學家可能比神學家做得更好。

就伽利略的個案來看，這個策略並未成功，1633年羅馬天主教會的著名判決結果就是要他放棄宣稱哥白尼學說的物理真實性[3]。但在其他更具包容力的地方，激進的實作者強烈且清楚主

張，除了新自然哲學應被視為獨立的專業及可信度的基準，科學更可以提供獨特的資源來支持並拓展基督教義。事實上，在整個歐洲宣稱新實作在宗教上的實用性是個重要的方法，來獲得該實作在文化上的正當性。這是一個宗教信仰根深蒂固的時代，宗教機構在整個歐洲掌握了極大的世俗權力，無論從宗教或與國家相關的角度來看皆是如此。任何會威脅宗教的新文化成分都無須指望能夠制度化（institutionalized）[4]。

在英國這個新教國家中，改革自然哲學的倡導者便主張，適當地閱讀自然之書可以淨化傳聞進而支持基督教。幾世紀以來，基督教（特別是羅馬天主教會）已經為迷信及不可靠的寓言所玷污：「由殉教者、隱士，或荒漠中僧侶，以及其他聖徒所製造的

3　在一般關於伽利略審判的故事中很少提及，「將哥白尼學說當作是一個數學預測模型」以及「宣稱該學說為一真實的物理描述」之間的不同。天主教批評者對前者沒有什麼意見，主要是對於後者感到棘手。如同我們提過的，即便是未受到教會干預的自然哲學家們也曾針對類似的議題展開辯論，即關於該實作應該是「自然哲學」或者「數學」。

4　正當性與制度化的關係最早是由社會學家韋伯（Max Weber）於1905年提出。1938年，另一位社會學家莫頓（Robert K. Merton）發表了一篇為人稱道的論文，是關於十七世紀英國國內，科學、技術與宗教文化之間的明確關聯。許多莫頓當時的論點，如科學中的宗教主題，以及科學的宗教正當性，都已經成為歷史研究中的常見議題，然而他的一些關於英國科學人物的詳細宗教傾向之主張，仍具高度爭議性。

關於奇蹟的描述，還有那些遺骸、聖地、禮拜堂以及聖像。」培根認為應該揭發這些虛假的宣稱，那些被當成是「老婦人的故事、神職人員的欺騙、精神的幻覺，以及反基督的標記；是醜聞也危害了宗教」。改革後自然哲學用以確保智識品質的技術，也可以用來辨識見證的真假，從米糠中篩出米粒；將盲目崇拜的成分從新教身上洗滌乾淨，將其回復成原初的純淨。培根同意伽利略的看法，認為要瞭解聖經的真實意涵便需要專家來加以詮釋；但是如果與之對應的自然之書能被正確地閱讀（經由適當方法的規範），那麼在建立宗教真理及確保正確信念方面，自然哲學家能做出的貢獻絕不亞於神學家。當然，科學與神學或許可以被當成是不同的事業，就如同我們在機械論自然哲學及其文化疆界的討論中所看到的；但也正由於這個區分，使得自然哲學能夠獨自地對宗教關懷做出貢獻。

的確，自然哲學家的主要角色被視為是處理所謂的「從屬成因」或「效果成因」，亦即，效果藉此成因得以展現；例如將一個物體的移動認定為另一個物體移動的效果成因。一般公認，若只是極為膚淺的投入這類成因研究，會讓實作者忽略了「最後成因」（像是移動的最終原因，或為了什麼才出現移動）。但若只探究表象的自然知識會使人們易於否定上帝，那麼合宜且深刻的自然哲學便可為上帝的存在與特質提供堅實的保證。這就是培根所

宣稱的,「自然哲學所追求的是上帝的語言,同時也是治療迷信最可靠的藥方,最受肯定的信仰食糧,因此將她提供給宗教做其忠實的女僕是很恰當的。」人類運用上帝所賦予的觀察與推理能力正確地閱讀自然之書,被認為是種宗教責任。

　　就如同改革後的自然哲學或許可以幫基督教回復至純淨和原初的狀態,新實作在技術層面上的運用,也或許可讓人類拿回其合法支配自然的權力。當培根撰寫其著作《偉大的復興》時,他表達了其所堅信的看法(同時也是許多人所認為的),即,人類自從失去了身處伊甸園的恩典,也失去其原有的控制自然之技術。回復此一統治權也是一項宗教任務,而新自然哲學則被認為將是此一任務中的有力工具。培根將控制以及重塑自然視為人類的當務之急,而倫敦皇家學會則實現了此一想法;其最初的計畫便包括收集未經整理的貿易與工藝知識,讓這些知識經過哲學的詳細篩選,然後試圖回復在日常實用方面經過改良,也更為有用的知識內容。這個計畫是以宗教用語來加以描述並正當化。十七世紀中葉一些實作者甚至用「千禧盛世」之類的觀點來看待此一技術控制的回復:唯有當人類靠著自身的努力回復其原有對自然的支配,基督才會再次降臨,在最後的審判之前統治大地另一個千禧年。這是在聖經《但以理書》中即有預言的。

　　英國及歐陸的實作者都非常堅信,改革後的自然知識會在技

術運用上獲致有用的結果。不管這些實用主義者的宣稱有多少確實性，這種對於實用的**應許與期待**無疑可以相當適切地說明新實作的吸引力。改革後的知識（特別是其機械性的形式）將會在技術方面產生許多成果，而經院學派的知識在這方面則很明顯地相當貧瘠。實用與否將成為檢驗真理的可靠判準。在這方面，如果說培根的觀點是最為積極樂觀的，那麼，認為改革後的知識將帶來獨特效用的期待也相當普遍。例如在法國，笛卡兒非常確定當時的醫學是無效的，因為他堅信關於身體的正確成因知識（基於機械原理）將可以幫助人們保有健康並延長壽命：「我們將可以免除那無盡的身體與心靈兩方面的疾病，甚至可能免除因歲月而帶來的衰弱，如果我們對它們擁有足夠的成因知識。」（笛卡兒的醫學哲學改革是如此為人所熟知，因此當他五十四歲因嚴寒而在瑞典的某個寒冷清晨去世時，他的一位朋友堅稱，若非「外部的劇烈病因」笛卡兒會活到五百歲！）在英國，虎克認為若是能得知自然的真正成因結構並使用適當的觀察方法，那麼他對其實際效用的期待是無止盡的：誰說一般金屬無法變成黃金？誰說人類無法掌握飛行的技藝？

　　關於科學知識的增長與技術控制的擴展之間真正的歷史關聯，一直是歷史學家與經濟學家不斷爭論的議題。一方面，無論是十七世紀或十八世紀那些科學革命的「高深理論」，現在看來

不大可能在實際上直接影響那些有經濟價值的實用技術。許多現代論者所抱持的實用主義動機並不能直接等同於實質上的經濟影響，而許多十七世紀的評論家認為這些新哲學家們的期待不只是錯的，更是可笑的。另一方面，我們已經注意到從古代起，在「混雜的」（或「不純的」）數學科學與軍事及生產技術間的親密關係，而我們沒有理由不相信這樣的關係並未在現代早期變得更加緊密。此外，幾乎可以確定的是，伴隨著冒險及征服之旅，自然史與地理知識急邁擴張，在帝國的形成以及財富的累積上貢獻良多。所以應該重新檢視的是把「理論」視為成因，從而導致技術變遷這樣的說法。

　　經濟考量所帶給科學知識變化之可能影響也受到仔細的討論。1930 年代莫頓宣稱，他已經展示了早期皇家學會的科學事業是群聚在可能的經濟以及軍事應用領域當中，主張這些「利益的聚焦點」是科學機制受到更廣泛的社會關切影響的證據。這裡的關鍵字又是「可能的」，因為歷史學家們在舉證這些受到技術或經濟所啟發的科學領域之具體成果時，遭遇了極大的困難。也就是說，培根式的言詞並無法妥善地傳達實際的情況，而我們應該將「軍事─企業─科學」這樣的複合體視為十九世紀與二十世紀的產物比較恰當。然而，找出科學知識的用途是一回事，但受過科學訓練的人們所從事的實際活動範圍則是另一回事。由科學

而來的**資訊**、**技能**，或許還有**態度**，都是實際生活中各種活動的重要資源，而我們也不難發現許多十七世紀的自然哲學家以及自然史家運用這些資源獲得經濟以及軍事上的效應。馬克思主義歷史學家們在這方面做出了特別有價值的貢獻，幫助我們瞭解自然知識的改革是如何反映出「學者」和「工匠」間，新的社會及文化關係，這改革又如何與自然哲學變革和經濟政治秩序變遷間的關係有所關聯。如果說，新自然哲學家本身並不是「工匠」，但與傳統實作者相比，新自然哲學家仍非常有可能具備了工藝的知識，以及生產的需求。

自然與上帝，智慧與意志

　　以現在的觀點來看，新自然哲學中看起來與宗教信仰最格格不入的莫過於它的機械論面向。如果自然是座巨大的機器，那為什麼還需要用上帝，甚或聖靈來解釋自然的運作？但也正是關於自然的機械概念產生了一些最強勁也最具說服力的論述，來說明新實作是宗教最忠實的女僕。機械被認為是「非人的」，其特性正好與人類知性、充滿各種意圖的生活成一對比；正因為如此，自然的機械譬喻在面對自然界中充滿知性與意圖的**明顯證據**時便出現一些疑難。如果自然真是座巨大的機器，那麼要如何解釋其

所呈現的複雜模式、生命力,以及目的性?也就是說,機械論哲學家應如何處理自然的這些面向,這些傳統有機論哲學以及汎靈論哲學特別著重的面向?

機械論哲學家們都同意,自然是經過精心設計的,且具有非常堅實的證據。但如果此一設計並非來自自然界裡物質本身的知性,那麼這個精心的發明就得是從自然以外的某種事物而來。這一串推論便是十七世紀時最盛行的,用來解釋神的存在及其知性的論證,也就是設計論證;此一論證將科學實作與宗教價值聯繫在一起,從現代早期一直到十九世紀[5]。這裡我們再次遇見了時鐘譬喻。想像有人在路上撿到一隻錶。將它拆開後,那個人發現錶內的機械零件是如何複雜地被組合在一起,而這些零件又是如何妥善地彼此協調運作,以進行這個簡明的報時功能。同樣地,那些觀察並反思自然世界的人們所遇到的是非常堅實的證據(自然經過設計),且無可避免的會得出這樣的結論:存在一位在知性上遠遠超越人類設計師的設計者。

因此,波以耳將人類的身體描寫成機械的設計。當熟知機械論的解剖學家「瞭解身體組成的構造、作用,以及和諧運用之

5 這個論證是自然神學的基石,也就是以自然證據來證明上帝的存在與其特質。十九世紀中葉,達爾文關於演化天擇的唯物論詮釋就是被拿來對抗這個設計論證的前提與推論。

後，他便能夠辨識出那具經過精心設計、無可比擬的，用來執行所有設計好的運動及功能的引擎；但如果（這位解剖學家）從未仔細觀察人類的身體，他將永遠無法想像或設計出如此偉大的，或任何接近如此完美契合的引擎，來執行我們日常所見的身體裡裡外外的一系列活動」。我們對「世界引擎」瞭解得越多，就越容易被說服去相信，存在的不光是上帝造物者，還有祂創造萬物的智慧；因為我們無法想像這樣的引擎只是因為粒子作用的巧合。1670年代，法國一位笛卡兒追隨者，馬勒布蘭奇（Nicolas Malebranche，1638–1715）也這麼認為：「當我看到一隻錶，我有理由去相信那裡有知性生命的存在，因為光是機遇跟偶然是無法製造、安排並裝置其內部所有的齒輪。那麼，機遇（以及一堆雜亂的粒子）又怎麼有能力精準且均衡地安排所有人類及動物內部許許多多不同的隱密齒輪和引擎？」如培根所說，自然世界中關於造物設計的明顯證據是走向宗教信仰的「最大動力之一」，而且越是熟知自然知識的人，（被認為）就越容易去崇敬上帝造物的智慧。1691年一位英國的自然學家兼神職人員雷（John Ray，1627–1705），便以動物的眼睛作為上帝之創造力與慈惠的有力範本，並認為人類也可以因此確認上帝的存在及其特質：

眼睛是人類及所有動物用來觀看世界的，它的位置是如

此地重要，以至於人類及動物都無法在沒有眼睛的情況下生存；全能的上帝知道這一切；而且它被如此令人讚賞地調整成適合於觀看的用途，這是集合人類與天使的所有智慧及藝術（雖然已經相當突出）都無法超越的精妙設計；只有非常荒謬及缺乏理性的人才會認為，它不是為了這個用途而被設計出來的，或是認為人類在這個問題上無法判斷。

那些擴展「感知之域」的新光學儀器也被認為積極地鼓勵了宗教信仰。一方面，如第一章所指出的，顯微鏡替支持粒子構成物質的實作者提供更多自信：那看來光滑均質的物體在顯微鏡下所顯現出的粗糙與參差不齊的表面（圖11），這樣的事實標誌著將來在尺度極微小的世界中，物體所可能顯現出的模樣。另一方面，即便是在那些最「微不足道」也最「可鄙」的生物身上，被顯微鏡所增強的視野也展現了不可思議的複雜、美麗，以及精妙設計。普通蒼蠅的眼睛在放大後，成為設計絕妙的光學裝置，且與蒼蠅的身體結構以及生活方式配合的恰到好處（圖27）。在上帝所創造的自然世界中，一切事物都能彰顯出祂的力量、神性，以及智慧（圖28）。就如同虎克所言，在顯微鏡下呈現出的構造與功能間的絕妙搭配，「即使是集合世界上所有的理

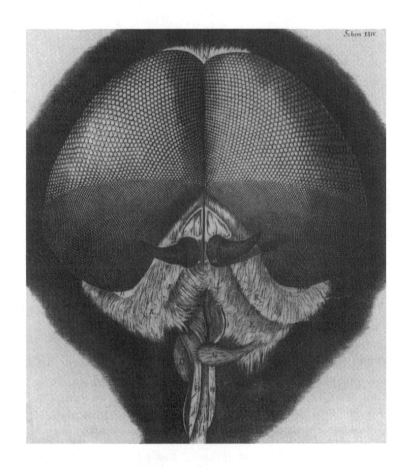

———— 圖27 ————
虎克所繪之蒼蠅眼睛的顯微鏡放大圖。
虎克數出這些眼睛中約有一萬四千個組成分子（或「珠狀物」），
而且他絲毫不懷疑「在每一個珠狀物中，都可能有著同樣稀奇的設計與結構，
鯨魚或大象的眼睛也是如此；且全能上帝的旨意可以輕易地
讓一事物的存在等同於另一事物；一日或者千年對祂來說毫無差別，
一隻眼睛與一萬隻眼睛亦如是。」出處：虎克，《顯微圖譜》。

科學革命

The Scientific Revolution

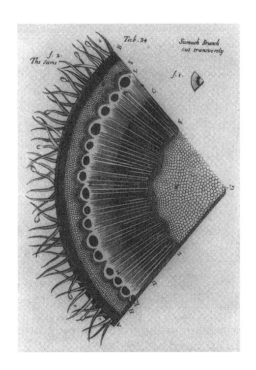

—— 圖28 ——

由英國自然學家葛羅（Nehemiah Grew，1628–1694）所繪之漆樹樹幹切片。
葛羅在此同時提供了未經放大及經顯微鏡放大的漆樹樹幹扇狀切片圖。
注意那些仔細描繪的導管，葛羅試圖找出這些導管的生理學功能
（某種程度上藉由與當時研究較多的動物結構作類比）。這些特徵肉眼可見，
但在顯微鏡下顯現出更多的細節。葛羅想要呈現出不同植物所共同具備的結構，
以及如何細分這些結構；這些都是用來顯現「自然設計的恆常與普遍性」。
他的觀察近似於稍早義大利人瑪匹吉（Marcello Malpighi，1641–1712）
所作的觀察。葛羅當時是倫敦皇家學會的秘書，
且他的書是由學會贊助出版並題獻給其贊助者查爾斯王二世。
提獻詞中讚頌，即使是最尋常的自然物體也能藉由顯微鏡觀察到複雜的設計：
「即使是手持最尋常手杖行走之人，也持有著遠遠超越世上最好的紡紗刺繡
的自然工藝。」出處：葛羅，《植物解剖學》（The Anatomy of Plants），1682。

性都無法做得更為合適。」有誰會笨到「認為所有的一切都是因為巧合？」會這麼想的人，若不是其理性「異常低下，就是他們從未用心地思索及凝視全能上帝的造物」。此外，顯微鏡與望遠鏡都顯示了至今仍不為人知的上帝所創造的疆域及其美麗設計：當連一滴水都可以充斥著微小生物（如同雷文霍克所呈現的，見圖29），我們為什麼不相信天上住滿了行星？1680年代，法國哲學家房特聶耳（Bernard de Fontenelle，1657–1757）寫道：「我們所能看見的，只有從大象到小蜘蛛般的大小而已。但在小蜘蛛之下，還有許多的肉眼無法察覺的微小生物，對它們而言小蜘蛛就是大象。」透鏡開啟了一個充滿驚奇的新領域，並提供了信仰的新誘因。聖經裡的讚美詩是這樣唱的：「天國宣告了上帝的榮耀，而大地將彰顯其造物」，但透過顯微鏡及望遠鏡，更多的榮耀與智慧因此顯現。

自然的機械論概念可以在最根本的層次上支持上帝存在的信念。我們得瞭解，具備移動指針及轉動齒輪的鐘錶是在某個時刻被啟動的。我們也得接受其零件無法自行運作，是完全依靠外部的動力來源。這些都是來自第一章所談過的，物體之非生命概念。不管鐘錶的組成多複雜、多適合進行報時的功能，鐘錶本身並無法真正地執行這項功能，除非它的機械零件從外部被驅動。因此，若我們接受了自然之機械論概念的正當性，那麼世界中隨

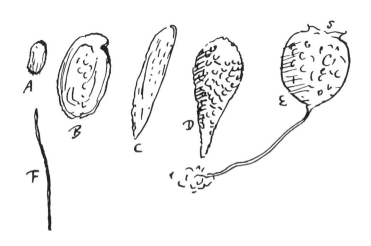

──── 圖29 ────
雷文霍克關於原生動物的觀察。
這幅畫是惠更斯（Christiaan Huygens）於 1678 年所作的觀察，
經由惠更斯的兄弟康士鄧坦（Constantine）轉交給雷文霍克做進一步的確認。
一開始，惠更斯對雷文霍克的宣稱感到懷疑。雷文霍克告訴惠更斯，
這些素描可能確實呈現了與他本人在三年前所看見並報告相同的那種「微生物」。
二十世紀的科學家認為，D 與 E 可能分別為原生動物喇叭蟲與鐘形蟲。
出處：克利斯提安‧惠更斯致康士鄧坦信件，1678 年 11 月 18 日，
載於《惠更斯著作全集》（ Oevures completes de Christiaan Huygens），第八卷，頁 124。
部分譯文載於《雷文霍克書信集》，（ The Collected letters of Antoni van Leeuwenhoek ），
第二卷，頁 399- 407。

處可見的移動跡象便是造物者賦予萬物生氣的證明。這正是許多十七世紀機械論哲學家（特別是在英國，但不侷限於此）所助長的感覺。物體無法移動其自身。物體可能會因為接觸到另一個運動中的物體而移動，但推論到最後，要產生移動還是必須有一個非物質的作用源頭。這就是它的最終成因，而許多機械論自然哲學家堅持，自然的機械論認知會引導我們去承認一個非自然的、超自然的、非物質的，而且是精神上的最終成因。適當地學習自然，將會引導人們「從自然昇華至自然裡的上帝」。

　　一些機械論自然哲學家滿足於假定一位上帝造物者，在「世界時鐘」形成的時刻上緊發條，之後它就可以完美地運行下去；這是對於神的智慧的一項證言，因為祂的創作是如此完美無瑕，以致於不需要多餘的修補或管理。關心宗教的英國機械論哲學家們擔心，笛卡兒的言論（他將「最終成因」的討論公開驅逐出他的自然哲學）會被拿來支持這種上帝與自然間的關係；笛卡兒說，「我們不應該如此自大地以為可以分享上帝的計畫。」雖然法國哲學家們斷斷續續地提到了神的角色應該更為主動積極，但許多英國實作者仍憂心忡忡地針對笛卡兒哲學是否能彰顯神的角色、是否能彰顯基督教展開辯論。然後，十七世紀一群遍布西歐的「自然神論者」積極地企圖將上帝侷限在造物及創造出完美運作之「世界時鐘」的智慧上。英國的機械論哲學家，從波以耳到

牛頓都不滿意這個觀點，認為這在哲學上不正確，在神學上也不安全。

他們反對把上帝當成是世界的「不在地主」（absentee landlord）此一想法，也就是神在創造世界之後便不再插手其事務，無論是自然的，或是政治的。這樣的概念被認為會威脅到重要的基督信條以及重要的道德秩序。新約與舊約所記載的奇蹟向來被認為是基督宗教的核心證明。這些奇蹟涉及了上帝在世間短暫的主動介入（被稱為上帝「特殊的」或「不尋常的」神佑）。現代論自然哲學家們爭論著，「奇蹟的年代」是否僅限於聖經所記載的過往，如今已然消逝。一些人認為如此（如霍布斯），其他人不太確定（像波以耳）；許多歐陸的天主教實作者，如梅森與巴斯卡堅信在當代奇蹟仍會發生，他們並忙於利用技術來檢驗奇蹟的真偽。但無論如何，大多數的英國哲學家都傾向不抱持任何會限制上帝對於自然秩序權力的觀點。因此，一個正確的自然哲學允許上帝在世界中偶爾行使祂的神聖意志，同時鼓勵大眾去認識其造物的智慧。

這種「（上帝）意志論者」的主張在英國的自然哲學界（從波以耳到牛頓）得到充分的發揮。為了找出可以顯示上帝設計知性的證明（自然界中的規律性及樣式），自然世界應該受到詳細檢驗。這樣的證據說明了上帝「一般的」或「尋常的」神佑，因此

可以得出上帝一直主動維護自然規律之結論。波以耳寫道，「運動的定律是由上帝所自由建構的，至今仍由其維護。」但一個適當的自然研究應該要能夠告訴人們，上帝持續地在監視、管理，以及干預這個世界。這個關於上帝角色的概念不只有它的神學效用，也有其社會功能；因為一般公認，唯有當人們意識到上帝「正在注視」時，正確的行為才會得到最有力的動機。比方說，波以耳便對某種「自然定律」的普遍理解感到不安，並一再地警告大眾應該要避免使用這樣的詞彙，或者至少是經過仔細評估之後小心地使用。從自然中可以觀察到規律現象，這些現象甚至可能可以用數學方式表達；但要知道，所有這些規律都是因著上帝的喜好而來。祂隨時都有可能施展其權力（其特殊神佑）來改變物體的慣性，中止或更改其一般行為。而聖經如實地講述了諸如此類的例子。石頭會以每秒平方 9.8 公尺的加速度下落，是因為上帝的意志。

　　第一章曾提到，梅森神父擔心「文藝復興時期的自然主義」會對宗教及道德造成不良影響，因為它們將固有的行為，甚至是感知都加諸於自然本身。終其一生，波以耳對於這種趨勢也同樣感到焦慮。要建立適當的自然哲學以及穩固的基督教道德秩序，就必須承認物質的「非理性之愚鈍」，以及那位由外部使物質開始活動的聖靈作用者。想想吸力的現象。一個人對著吸管吸氣，

水便慢慢地從容器中上升到嘴裡。一如我們曾討論過的，傳統解釋將其歸因於水對真空（因為吸管上端空氣被吸走而形成）的害怕或厭惡。相對地，機械論自然哲學會把水的上升詮釋為，吸管與容器中的液體所承受的壓力差所導致的效果。在哲學上沒有任何必要把目的或感覺之類的東西加在物質身上。

波以耳在寫於十七世紀中葉並在其晚年出版的小冊子中，詳論了他對吸力的看法。這裡，他所在意的不僅是要反駁亞里斯多德學派的「真空之恐慌」概念，還有那廣為流傳的「關於自然的模糊概念」（vulgar notion of nature）。「如果現代論者如他們的前輩一樣，默許了那種想像出來的，稱為『自然』的概念，世界被這『自然』管理；她討厭真空，因此無可避免地會做任何事情來避免真空。」那麼這些現象的「真正物理成因」將永遠無法被找到，這個自然憎恨真空的概念假定了「像水一樣無理性也非生命的物體不僅有能力向上移動自己笨重的身軀……，還知道空氣已經從蘆葦管中被吸走……以及水是如此地大方，為了宇宙的普遍利益而違背其個人偏好來向上移動，就像是高貴的愛國者，為了國家犧牲自己的利益。」

反對將目的加諸於物體身上的哲學討論已於前面章節中加以勾勒。此處，波以耳力稱，這個「模糊概念」也對真正的宗教及其所支持的道德秩序有害：那對「大多數的宗教都有害，因此也

他們用知識做什麼？

What Was the Knowledge For?

對基督教有害」。問題環繞著自然該扮演多少的角色，而上帝（有充分理由被當作是外部聖靈作用者）又應扮演多少角色。因為「許多無神論者將許多現象歸諸於自然，……他們認為沒有必要借助神來解釋宇宙的現象」。如果將行動以及知性賦予理應無理性的自然，就是在鼓勵人們相信物質自然是自給自足的，其行動及樣式並無須依賴外部作用力。如此，便是將自然變為半神，同時損害了上帝的權威及權力。這個自然的「模糊概念」曾是，也一直是偶像崇拜以及無神論的主要成因：「將只具軀體而且通常是無生命的事物，視為彷彿被賦予了生命、感知及理解力；將僅屬於上帝的（能力）歸給自然，是多神論及偶像崇拜的……主要原因……的一部分。」

還有在英國內戰，以及1640年代中期至1650年代後期的王位空窗期間，許多激進的政治思想如雨後春筍般浮現，其中某些流派便使用「關於自然的模糊概念」來對抗一系列的宗教及政治統治階層。如果說，一切的活動都是經由物質自然進行分布，那我們還要外部的、賦予生命的神做什麼？如果聖靈的力量已經遍及所有的物體及所有信徒的心裡，那麼就不再需要牧師階級來為人們解釋上帝的道路。這些激進的英國團體像是均分主義者（Diggers）以及喧囂者（Ranters）激烈地主張，用「自然擁有靈魂」這樣的說法來作為其政治計畫的工具：上帝作為一切活動及目的

之來源，是「在萬物之中」，在「人、獸、魚、鳥，以及所有綠色生物之中，從高山的杉樹到牆上的常春藤」。而且，如果類似靈魂的特質是物質所固有的，那麼又何必去接受基督教正統教義中，靈魂之來世將根據其功過而加以獎懲的說法？難道不能說，靈魂便隨著肉體死去？波以耳反對這種關於自然的看法，及其在道德上會產生的結果，因此，他明確指出，在主張機械論自然哲學的正當性時，道德及技術都是必須加以考量的。[6]

　　到了1680年代，牛頓的天體物理學開始提供上帝干預自然的科學證明。根據牛頓的計算，太陽系似乎有種傾向，會在某個時間點，向內收縮自身崩潰。太陽系的秩序需要「定期改正」，牛頓堅持一定曾經發生這樣的改造，因為太陽系至今仍舊存在。上帝可能是利用自然動力進行這樣的改正（牛頓曾推測彗星在這方面所扮演的角色），或是直接干預。無論是哪一種，這種上帝意志主導自然界行為的概念，深植於牛頓學說系統之中。這並不被視為是個缺陷，反而被當成是機械論自然哲學，其機械系統的可取之處，因為這個系統需要有上帝的介入，並能公開顯現上帝的存在。

6　雖然這些激進的團體在1660年遭到復興的英國王權有效鎮壓，但大致類似的文化意圖（包括上述的「自然神論」）在十七世紀末、十八世紀初又再度爆發；也同樣遭遇了類似波以耳這般的哲學批評。

　　機械論自然哲學家與公認的宗教目的之間的關聯，很明顯是因人而異。霍布斯與笛卡兒聲稱其對於宗教的投入，並認為他們的實作與一般宗教目的是相容的。但令人困擾的是，他們的告白並不為大眾所接受。雖然十七世紀的知識圈應該不存在那種公開宣稱上帝不存在的無神論者，但傾心於宗教的實作者仍然擔心，霍布斯與笛卡兒那種只給予上帝有限角色之哲學，會助長當時盛行的無神論，並提供哲學上的慰藉。然而，具主導地位的英國哲學傳統則理所當然地把自然哲學的主要功能當成是支持並增強基督宗教。自然哲學家的角色因此與神職人員有極大程度的重疊；如牛頓所言，「從事物的表象來論說上帝，乃自然哲學之事。」

　　就如同傳統上將牧師定義為解讀聖經的權威，傾心宗教的自然哲學家也認定自己是「自然的牧師」，套用波以耳的話，這意味著他們具有詮釋自然之書的專業能力，並使其隨時可供宗教目的使用。他們的任務在於製造「可以說服大眾相信（具有智慧與權力的）上帝存在的有效論證」。虎克在1661年寫道，實驗性自然哲學「無疑是最有可能建立起自然的輝煌不朽之殿的方法」，也因此榮耀其創造者。劍橋的柏拉圖學派哲學家亨利‧莫爾（Henry Moore，1614–1687）稱讚，皇家學會「的哲學相當完美」，「至今仍未傾向於無神論，而且我相信它將徹底地擊垮無神論」。波以耳將實驗描述成一種禮拜：因此實驗室的研究可以在週日進

行，就如同禮拜儀式一樣。英國的機械論哲學家以一種崇敬上帝的姿態現身，因此適合在自然的宮殿中舉行神聖的儀式。

當機械論哲學家彰顯這個世界中聖靈的**真正作用**時，這個崇敬上帝的身分是他們有力的工具。他們的角色在可能的範圍內提供物質性及機械性的詮釋，並同時承認機械論的侷限（當他們無法解釋時）。正如同無生命的機械論想法能產生與之互補的聖靈作用者這個概念，一個機械性操作的自然也可以引出超自然力量的概念（直接作用於自然或自然界裡）。顯現機械論的**侷限**，對於正確的自然哲學來說並不是個缺陷。如果十七世紀的機械論哲學是個全然世俗的事業，這樣的侷限或許可以算是個缺陷，但它並非全然世俗的。機械論的詮釋範圍可能有侷限，但是對於機械論哲學的信念並不會因此而受限。波以耳認為，地球以及其上的大氣「常為眾多的聖靈所造訪」，且上帝創造了「難以估量的，各式各樣的聖靈存在，每一個都具有自己的知性與意志」。在第二章時我們留意到，許多皇家學會的領導成員聲稱自己相信惡魔與女巫，波以耳寫道，這樣的信念在神學上是有用的：「承認⋯⋯存在著尋常不可見的、具知性之存在，在矯正無神論上貢獻良多」；並可以「幫助擴大人們所慣有的、有些狹隘的關於上帝事功之多樣性的概念」。機械論哲學家以機械論哲學家的身分所相信的世界真實，與他們所相信的合理之世界真實並不相同。

此外，一些機械論哲學家也著手確認聖靈見證的真假，將那些可能有自然解釋的見證，與那些沒有自然解釋的見證分開，以便在更堅固的基礎上重建我們對於超自然的認識。關於奇蹟以及聖靈行為的見證必須小心翼翼地加以監督。未經管理的舉報聖靈或奇蹟信仰，都將會破壞合法的權威並敗壞宗教。再一次，私人的信念可能會危及社會。如果未經引導的個人在缺乏外在權威的判斷下，隨著個人喜好選擇信念，其結果將會是失序。然而，實驗社群已經證明自己足以擔當有效監督知性活動的工作。它所用來建立事實的技術已經給了最清楚的證明；井然有序以及無私。喬瑟夫・格蘭威爾於 1668 年寫道，「若非藉由實驗，還有現象，我們將對於這個我們立身其中的世界一無所知；思索非物質的世界也是同樣的方法。」機械論哲學家可能會要求（並幫助製造）經證實的聖靈現象之說明。宗教的女僕可以在建構真正的宗教知識體的任務上提供協助。

自然與目的：科學世界裡的祕境

這本描述科學革命之作有個一以貫之的主題，就是現代論實作者對於以目的論來詮釋自然現象（也就是把自然效果的目的當成是它的成因）的猜疑，甚至是強烈的排斥；從伽利略與霍布斯

對於亞里斯多德學派「自然位置」的批評開始，到梅森以機械論取代「文藝復興時期的自然主義」，再到波以耳對於用哲學性的語言使用「自然定律」的慎重。我們可能會想要下一個簡化的結論，認為這個主題捕捉了科學革命的「本質」，或至少是機械論自然哲學的本質：機械論詮釋就這樣取代目的論詮釋，而現代性就此形成。

但是之前的篇幅卻正好說明了，這樣的結論是不正確的。非常多的十七世紀實作者意識到機械論的詮釋範圍是有限的。**自然哲學家**的言語可能是**機械論的**，擱置了所有的目的性，但即便如此，能夠以機械論加以詮釋的，也不見得就等同於世界上的所有現象。其他的實作者雖然也同樣折服於機械論的詮釋價值，卻不認為自然哲學家在提供關於世界的敘述時會有這樣的限制。一方面，笛卡兒設想了一個上帝**可能**創造的假想世界，一個完全禁得起機械論詮釋的世界：這就是自然哲學家需要去解釋的世界。另一方面，如波以耳及雷（John Ray）這些作家的關切則在於，追尋上帝在祂所**真正**創造的世界中的意圖及設計。這就是為何他們覺得，當自然界中的證據夠清楚，以目的性來詮釋世界，在哲學上是合宜的。構成「自然神學」基石的設計論證就是在這個意義上成為一個目的論詮釋：它以神聖的意圖來解釋自然構造如何適應其功能。這些在詮釋策略上的差異反映出了，關於「什麼是自然

哲學家與自然史學家的正經事」之不同看法。所有的實作者可能會原則上同意，改革後的自然知識應該要消除疑慮、確保正確的信念，並保障維持道德秩序所需的基礎；但他們對於該如何架構自然研究，使其適於從事這些任務上則意見分歧。

對部分哲學家來說，對自然的認知裡會有一個適當的位置留給非機械論及目的論詮釋。在這種情況下，我們不該說機械論是「不完全的」，因為這可能影射了自然哲學家的工作只有提供機械論詮釋，無論那是何種自然現象，或是否有足夠的證據支持這樣的詮釋。比方說，波以耳便為最終成因的哲學適當性提供了一個深思熟慮的辯護，特別是在（但不完全是）詮釋生命體時：「我們所知的自然界中的一切，動物的身體結構可能是最適合以最終成因來加以解釋的。」生命結構的高度複雜性，加上其結構明顯地適應其功能，這些都迫使我們相信存在著一位「理性的管理者」。我們或許可以說，複雜及適應是藉由機械方法而發生的，但卻無法說它們的出現與具知性的設計無關。

到了十七世紀末、十八世紀初，牛頓爵士（Sir Isaac Newton），他有時被稱頌是將機械論哲學帶到完美境界的哲學家，表達了其對於全面提供機械論詮釋的哲學感到不耐。如第一章所示，牛頓並不願意指明重力的機械論成因，同樣的情況也出現在他關於磁力、電力，以及生命現象的處理方法。是誰決定自然哲學的工作

定義就是提供明確的機械論成因說明？如果這是自然現象所顯明的，為什麼不使用吸引力或排斥力這種「主動的力」？這樣做不必然就是回到亞里斯多德學派，或文藝復興時期神祕論的談法：「我所探討的這些原理，並不是那種由特定事物歸結來的神祕特性，而是自然的普遍定律，事物因此形成；藉由現象，它們的真實得以顯現，雖然它們成因尚未被發現。這些是明顯的特質，只有其成因才是神祕的。」這不是哲學，而是在我們的感知及智力尚無法確切發現成因假說時，「捏造出」（或以想像調製出）的假說，即使（特別）是那些機械論成因的假說。牛頓寫道，「關於物體，我們能看見的只有其特徵及顏色，能聽到的只有聲音，能碰觸到的只有外部表面，能聞到的只有氣味，能嚐到的只有滋味；但物體內部的物質並不是我們的感知或我們心靈的內省所能瞭解的。」如果其他的實作者將適當的自然哲學等同於提供機械論說明，在此，牛頓則表明了他滿足於自然最終的不可解。應該要認清，知性的適當侷限。自然哲學會是塊堅固而確定的岩石，但其四周則為巨大的神祕海洋所環繞。

　　前述的討論透露出，在十七世紀的現代論者中，笛卡兒一直是最積極樂觀的機械論成因詮釋提供者，因此與波以耳及牛頓這樣的哲學家成對比；要瞭解笛卡兒在機械論上的野心，他如何看待生命現象（包括人體之運作）是最好的途徑。藉此我們將可以

同時深入瞭解，那用來說明人類及人類經驗在現代自然定位的機械論架構，其說明的侷限，以及架構所可能產生的後果。

第一章曾簡單地介紹了，笛卡兒將人類身體解釋為一座「雕像，一座泥塑的機器」。他有意將人類身體的運作全部放在機械論哲學的架構下處理：食物的消化、吸收與排泄；血液的構成，以及它經由靜脈與動脈的移動；呼吸的動作與功能；以及「反射動作」的模式[7]。當然，構成人體的機械「在組成上是無可匹敵的完美」，勝過那些人類工匠的手藝，儘管如此，那仍舊是一台機器。如此，要解釋人體的運作就可以套用風靡現代早期貴族社會之精巧自動機的說明：擁有隱藏的彈簧、齒輪、輪子，可移動身軀的，甚至還可以發聲的塑像。要承認是機械成因推動這些自動機械之運動毫無困難（畢竟，這是人類所造的），對笛卡兒來說，要以類似的機械論語彙來解釋**動物**身體的各個面向也同樣沒問

7　嚴格說來（如先前所留意的），那個為機械論所詮釋的人體，並不是真正的、活生生的、會呼吸的人體，而是由笛卡兒所**想像**並提供的人體，作為真正人體的概念上類比。就如同笛卡兒整體的詮釋架構一般，此處並非上帝所**真正創造**的身體，或世界將接受機械論的詮釋，而是祂**可能曾創造**的。如此想像的身體或想像的世界，被判定為可理解的，並與目前所知的、關於真實身體與真實世界如何運作的可靠知識沒有重大的歧異。也因此，笛卡兒關於想像身體或想像世界的說明，才有可能應用到真實的身體或世界。事實上，許多讀者並不理會這樣的警告，而把笛卡兒在真實與想像之間所作的區分當成言詞的修飾，文化上的權宜之計。

題。在笛卡兒看來,物質機械論足以解釋關於猴子或蜜蜂的一切。

然而,對於人類來說,機械論能說明的範圍就侷限得多。對笛卡兒來說,**解釋人類身體**不同於解釋**人類**,因為光是從身體構造以及動作並無法完全說明人類的一切。我們並不**覺得**自己是機器,而笛卡兒也同意我們並不是機器。我們可感受自己運用意志、擁有目的、因著目的移動身體、擁有知覺、進行道德判斷、從事思考及推理(也就是說,**會思考**),並會用語言表達思考的結論;這些都是笛卡兒認為機械或動物無法做的事情[8]。

人類之所以擁有這些特質並從事這些行為,是由於人類的**二元本質**:若只考慮其身體,那當然就只與物質的移動相關,但他們還擁有**心靈**,而心靈的現象最終是無法用物質的移動加以解釋。這個世界本身包含了兩種不同性質的領域,物質的與心靈的。唯有在人類身上,這兩個領域才會互相交會。人類是上帝生命造物中唯一具有「理性靈魂」的。這靈魂是上帝給予的特殊天賦,將人類連結至其創造者,也將笛卡兒哲學連結至聖經。每一個人類靈魂都是由上帝特別打造;它是不朽的;不同於物質、不占空間,也無法分割。於是,這個十七世紀最具雄心的機械論詮

8 自然,並非所有現代早期的思想家都認為,這種把人類及動物能力截然二分的說法具有說服力,例如十六世紀末的隨筆作家蒙田便傾向於賦予動物感覺、理性,甚至真正的語言。

釋計畫，最後也終歸於神祕。

這神祕所關切的，是心靈與物質**如何**在人類架構中會合。我們可以找到一些類似這種神祕結合的例子，像是石頭與重力的結合，手指與手的結合，同一身體裡不同組織的結合等等；但到最後，發生在人類身上心靈與物質的結合才是最根本的，也因此是無法分析的概念。如果說，心靈不占據空間，那它到底在**哪裡**？這兩個領域在何處相會？這裡，笛卡兒的確提供了一個可能的解釋。正如同所有的知覺及感覺都必須同時是思考的作用物，因此我們所要找的，是一個位於大腦內部中央，一個非左右對稱的小器官（圖30）。那便是小小的松果體，「想像與常識棲身之所」，確實的「靈魂的所在地」。體積微小且僅為周遭血管所支撐的松果體，非常適於從事傳遞心靈與身體的動作。這最終的神祕很恰當地落腳在一個點上。

笛卡兒將他的機械論詮釋計畫推展到可能的極限，最後卻結束於一個位於其機械論哲學範圍之外的概念上，這個概念看來甚至違反了一些他最關切的原理。人類的獨特性來自於，分別位於機械論架構內外之概念的神祕交會。人類擁有具目的性的心靈，而且最後到底還是這個心靈移動了物質。就像你翻開這本書的同時，便顯示了心靈在自然中的角色。如同機械論同時受到宗教敏感度以及人類生活經驗所限，對於人類中心主義的拒否（如第一

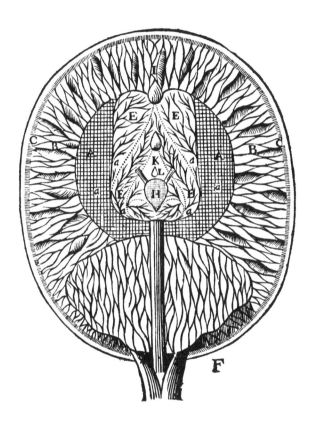

———— 圖30 ————
笛卡兒所繪的大腦切片圖。松果體是位於 H。
出處：笛卡兒，《人性論》。

章所提）也因為機械論**無法完全解釋**「什麼是人類」而受限。如我們所見，其他自然哲學家們在劃定機械論詮釋範圍的界線時，都較笛卡兒來得小心謹慎；而笛卡兒的說法也常遭受質疑，被謠傳為會危害教會所認可的人類的精神本質，及其與上帝間的獨特關係。然而笛卡兒野心勃勃的機械論計畫並未否定人類在自然世界中所占據的獨特中心位置，只是提供了另一個語法來理解之。神祕的人類本質所身處的那個小點，也就是人類中心主義繼續存在的地方。人類在自然中的特殊位置，既是問題的解答，也是個需要回答的問題，是科學革命留給它文化繼承人的遺產。

無私與自然知識的運用

我曾說過，所謂科學革命的「本質」並不存在，我利用了各種方法想將十七世紀自然知識的異質性，甚至是相互對抗的情況介紹給讀者。我並沒有意思要回到我所否定的老路上，但在此，我想將焦點放在另一條貫穿本書的主題，而該主題將我們對科學革命的認識連結至今日文化中的一些根本的範疇以及評價上。這個主題就是自然的去人化，以及隨之而來的，將知識製造的實作視為無私的。

與現代自然科學息息相關的，正是科學解釋乃客觀而非主觀

的想法。科學解釋所代表的，是自然世界裡是什麼，而非自然世界裡應該有什麼；然而這種將科學的「實然知識」（is-knowledge）以及道德的「應然知識」（ought-knowledge）截然二分的作法之所以可能，是因為我們將自然知識研究的對象，以及道德論述的對象也分割開來了。自然科學的客觀性，理論上會藉由其規訓實作者拒絕個人情緒及利益的方法而更加牢固。在這個意義上，如果科學讓價值、宗教或政治考量侵入了知識製造及確認的過程中，那麼科學便無法客觀地描述世界，而它就不再是科學。當科學進行的時候，社會便被擱置在角落裡。這種對科學的認知，一般是在十七世紀發展出來的，也是為什麼科學革命的經典詮釋會將其視為是開創現代世界之重要事件的重要原因。

在描述這些成就的時候，你甚至很難不去讚美它們：還能有其他製造適當科學知識的方法嗎？其他確保自然知識的方法是什麼？自然，歷史學家的任務無非是褒貶過往。儘管如此，值得一提的是，現代論者試圖將明確的主觀及道德因素，與適當的科學實作分割開來並劃清界線的作法，已經在我們的文化中產生一些有趣的結果。其中的一個效應便是，拒絕承認科學可以有價值判斷。談論道德是非被認為是任性的、有私心的，而且是理性所無法解決的；然而談論自然世界則可以是理性的、無私的，並可以達成共識。這感覺同樣也是科學革命的成就及其直接的遺產，並

緊密的等同於現代情境。

遭到機械論哲學家猛烈批評的亞里斯多德目的論，以適合詮釋兩者的目的論語法，提供了一個理解人類與自然的整體架構。但十七世紀機械論哲學家對於目的論的拒否意味著，談論人類意圖的方法與談論自然過程的方法將會截然不同。人類或許不再位居宇宙的中心，然而現代論者談論人類知覺及道德天性的方法卻是更為獨特的，並更加遠離他們談論「自然」的方法。人類身體可以如笛卡兒之輩的機械論哲學家所堅持的，是台機器；但因著我們共有的人性，我們無法以對待機器的方式對待其他人。人類之間的交談充滿了意圖、意識，以及道德責任。這是實際上我們如何將自己與機器及機械論世界區隔開來的方法。這也是個現代情境中的核心問題：在我們成功地瞭解自然的同時，卻不知道該把自己擺在自然的那個位置；我們在瞭解**人類天性**方面有了極大的問題。

同樣的，十七世紀自然知識的改革意味著，藉由切斷事物的外觀以及我們對事物的（正式的）看法間的連結，實作者對於說明自然世界的真實底層結構之外在部分（粒子的、機械的、數學的）有了更大的自信。或許可以說，自然科學的成功，特別是其製造共識的能力，其代價是把自己與**現在**我們所說的哲學實作切割開來，尤其是**知識論**。如今，我們很有自信且肯定的知道了關

於自然世界的一切（科學），但是我們對於我們**怎麼可能**理解這個世界（現代哲學）的看法是明顯的分裂、充滿爭議，有人甚至會（無情地）說，那是當今文化中無法令人滿意的一塊領域。為了製造出科學中的良好秩序及確定性，所付出的代價可能是我們文化中其他領域的失序與不確定。

最後，我們可以把焦點放在一個位居現代科學核心的巨大矛盾上面，這個矛盾（我個人認為）在十七世紀就已經存在。再一次，這個矛盾所關切的，是自然科學（客觀無私）與日常生活（主觀、情緒及利益）的關係。這個矛盾就是：一種知識類型越是被理解為客觀無私，就越可能成為道德及政治行動的寶貴工具。反過來說，這種知識類型之所以能對道德及政治問題做出寶貴貢獻，在於我們認為它並不是因為特定人類利益而被製造及評估的。這矛盾同樣也是科學革命所遺留下來的產物；正因為這些不受拘束的學者及紳士們不斷的宣揚「科學」與「宗教及國家事務」之間的界線，他們所建立的知識體對於神學及政治來說才格外的有用。二十世紀末的現代論者亦如此：當今文化中最強有力的價值倉庫，就是我們認為最無涉於道德價值論述的知識類型。

在介紹了十七世紀的科學發展後，一個最不重要的結論是，我們所論及的科學範疇只是那些我們有興趣去瞭解其歷史及社會發展的範疇。因此，如果我們想要瞭解「社會對科學的影響」或

者「科學與價值間的關係」，我們便冒著極大的風險，把這些科學革命所製造的獨特分析實體視為理所當然的存在。有人認為，除非我們能夠發明一套談論這些事物的特殊新語言，我們將會一直被困在一個令人不滿的「現代」情境之中。我個人是比較樂觀的。我以為，當我們越能瞭解形塑我們今日文化的過程，像是「科學」以及「社會」這樣的字眼也會擁有新的意涵。而且我還有點期待，至少一些讀者在讀到這裡時，會對於科學與社會有不同於以往的看法。

最後，我們還有一個棘手的問題需要面對。那個囑咐我們要將科學領域與人類情感和利益相互對立的文化遺產，不但是個對於科學實作的描述，更是科學界裡事情**應該**如何進行的處方。這意味著，任何試圖把科學描寫成是，不確定的、互異的，而且有時是歷史情境、道德關切及利益考量之下的問題產物（就像是本書以及近來的科學史及科學社會學研究），都有可能被解讀成是對科學的**批評**。有人可能會認為，任何做出這種宣稱的傢伙都是想戳破科學（就是去說科學是不客觀、不真實以及不可靠的），或者認為這樣的說法會侵蝕大眾對於科學的尊敬。

在我看來，這樣的想法既不幸又失真。本書的確批評了一些事情，但不是**科學**本身，而是那些四處流傳的、關於科學的**故事**。大部分批評科學的人正好都是科學家，而我想他們比歷史學

家、社會學家或哲學家更適合這個工作。不管那些關於科學發展的故事是真是假,科學依舊是科學,無疑的,是我們所曾擁有的最可靠自然知識類型。科學也仍舊是我們當代文化中最受尊敬的元素。我很懷疑是否我們需要藉由繼續拼湊這些預言及神話來為科學辯護,來為科學注入價值。這麼做,肯定是從根本上否定了科學革命的文化遺產。

參考文獻
BIBLIOGRAPHIC ESSAY

這是一本簡短介紹科學革命的小書，但卻深深依賴許多歷史學家多年來的研究成果，把這點說清楚，是我的義務，也是我的榮幸。我希望讀者明白，這本書是針對已發展出非常細節的歷史研究中的某一小部分，所做出的綜合性概論，期待可以引發讀者進一步閱讀相關資料的興趣。有興趣的讀者，可以經由以下篩選過的引用資料，主要為英文資料或翻譯成英文的資料，找到相關的歷史書籍。「＊」表示是我特別倚重的文獻。

The Scientific Revolution

1. 科學史的「大傳統」

想要開始對科學革命的主要人物、議題、成就、概念有所瞭解的讀者，可以從所謂科學革命的研究「傳統」入手。說它傳統，是因為這種文獻通常都對「過去真的發生過科學革命」的說法毫不質疑。在這個傳統之下，的確有個前後連貫、容易辨識，可標記為「革命的」現代早期文化；這個文化是新與舊的分水嶺。科學革命有個「本質」，這個本質等同於機械論和唯物論的興起、自然哲學的數學化、風起雲湧的實驗主義，以及利用有效的「方法論」生產真正的科學；雖然並非所有的傳統學者都如此認為。

這類著作的佼佼者有：

*E. A. Burtt, *The Metaphysical Foundations of Modern Physical Science* (New York: Doubleday Anchor, 1954; orig. publ. 1924).

A. C. Crombie, *Augustine to Galileo: The History of Science, A.D. 400-1650* (London: Falcon, 1952).

A. Rupert Hall, *The Scientific Revolution, 1500-1800: The Formation of the Modern Scientific Attitude*, 2d ed. (Boston: Beacon Press,1966; orig. publ. 1954).

——. *From Galileo to Newton, 1630-1720* (London: Collins, 1963).

Marie Boas [Hall], *The Scientific Renaissance, 1450-1630* (New York: Harper Torchbooks, 1966; orig. publ. 1962).

E. J.Dijksterhuis, *The Mechanization of the World Picture: Pythagoras to Newton*, trans. C. Dikshoorn. (Princeton: Princeton University Press, 1986; orig. publ. 1950).

參考文獻

Bibliographic Essay

針對一般歷史書的讀者，這本讀物非常有影響力：

Herbert Butterfield, *The Origins of Modern Science, 1300-1800*, rev. ed. (New York: Free Press, 1965; orig. publ. 1949).

想瞭解文藝復興以降，科學史概況的讀者，可參考以下這本，特別是其中的第二到第四章：

Charles C. Gillispies, *The Edge of Objectivity: An Essay in the History of Scientific Ideas* (Princeton: Princeton University Press, 1990; orig. publ. 1960).

想瞭解十七世紀英國科學改革派和傳統派激烈爭論的歷史，可參考以下兩本，其中第一本尤其經典：

Richard Foster Jones, *Ancients and Moderns: A Study of the Rise of the Scientific Movement in Seventeenth-Century England* (New York: Dover Books, 1981; orig. publ. 1962).

Joseph M. Levine, "Ancients and Moderns Reconsidered," *Eighteenth Century Studies* 15 (1980-81): 72-89.

哈佛大學科學史教授柯恩曾簡要地在期刊文章中回溯科學革命這個概念的歷史發展，並進一步擴展成專書：

＊ Bernard Cohen, "The Eighteenth-Century Origins of the Concept of Scientific Revolution," *Journal of the History of Ideas* 37 (1976): 237-88.

＊ *Revolution in Science* (Cambridge: Harvard University Press, 1985).

另外還可參考：

科學革命

The Scientific Revolution

Amos Funkenstein, "Revolutionaries on Themselves," in *Revolutions in Science: Their Meaning and Relevance*, ed. William R. Shea (Canton, Mass.: Science History Publications, 1988), 157-63.

英國著名史家霍爾面對史學界的修正運動，仍強烈為科學革命辯護，稱其有其獨特性、內在一致，也的確造成深遠影響。其論述可參考：

* A. Rupert Hall, "On the Historical Singularity of the Scientific Revolution of the Seventeenth Century," in *The Diversity of History: Essays in Honour of Sir Herbert Butterfield*, ed. J. H. Elliott and H. G. Koenigsberger (London: Routledge and Kegan Paul, 1970) 199-222.

就像霍爾、吉利斯皮（Charles C. Gillispies）等戰後歷史學家，巴特菲爾德的作品同樣受到夸黑極大的影響，特別重視十七世紀理性的物理科學，讓真正的知識和常識與感官經驗分道揚鑣。我們可說，夸黑降低了十七世紀實際上影響英國科學較深遠的，實驗主義和歸納主義的重要性；對他而言，伽利略式的觀念論和理性主義才是最接近科學革命本質的理論。關於這方面，可參考的夸黑著作有：

Alexandre Koyré, *Galileo Studies*, trans. John Mepham (Atlantic Highlands, N.J,: Humanities Press, 1978; orig. publ. 1939).

——, *From the Closed World to the Infinite Universe* (Baltimore: Johns Hopkins University Press, 1968; orig. publ. 1957)；中譯書名《從封閉世界到無限宇宙》。

——, *Newtonian Studies* (London: Chapman and Hall, 1965).

——, *Metaphysics and Measurement: Essays in Scientific Revolution* (Cambridge:

Harvard University Press, 1968).

此外，夸黑是受到法國哲學啟發，形成其他對理性主義和十七世紀
科學發展不連續的主張。這部分的歷史可參考：

Gaston Bachelard, *The New Scientific Spirit*, trans. Arthur Goldhammer (Boston:
  Beacon Press, 1984; orig. publ. 1934).

按照慣例，數學物理學是整個研究的討論重點，這部分請參考以下
兩本簡明易懂的作品：

＊ I. Bernard Cohen, *The Birth of a New Physics*, rev. ed. (New York: W. W.
  Norton, 1985; orig. publ. 1960).

＊ Richard S. Westfall, *The Construction of Modern Science: Mechanisms and
  Mechanics* (Cambridge: Cambridge University Press, 1977; orig. publ. 1971).

我把那些視「科學革命為一場驚天動地大變革」的研究歸為「傳統
派」，但從二十世紀初一直到近幾十年，有一些傑出的歷史學家努
力想證明中世紀科學與十六、十七世紀的連續性，不論是觀念上或
實作上。這點對研究亞里斯多德自然哲學的學者特別有吸引力，而
他們正是較不會把當時對經院哲學的批評直接當成歷史解釋的那群
人。在這方面，特別具有影響力的是二十世紀早期法國的物理學家
和哲學家杜亨（Pierre Duhem，1861-1916）。

Pierre Duhem, *The Aim and Structure of Physical Theory*, trans. Philip P. Wiener
  (Princeton: Princeton University Press, 1991; orig. publ. 1906.

A. C. Crombie, *Robert Grosseteste and the Origins of Experimental Science, 1100-*

1700 (Oxford: Clarendon Press, 1953).

Charles B. Schmitt, "Towards a Reassessment of Renaissance Aristotelianism," *History of Science* ii (1973): 159-93.

Aristotle and the Renaissance (Cambridge: Harvard University Press, 1983).

也可參考的耳的《訓練和經驗》(*Discipline and Experience*，見頁268)，裡面充分解釋了亞里斯多德實作對十七世紀科學發展的重要性。

2. 歷史學的修正和辯論

某些新一代的歷史學家對傳統科學革命的看法一直有激烈爭議，甚至不以為然。爭論的理由各有不同，但基本上都是對之前視科學革命具有內在一致性、具有整體性的看法，提出懷疑。修正過的歷史學不太談論科學革命的「本質」、一致且有效的方法、無庸置疑的「現代性」。這些學者也不太以「偉大科學家創造現代性」的角度來頌揚他們的成就，反而把歷史人物所欲達成的目標放在「脈絡」中理解。如此，偉大的成就常變得平易近人。這樣的作品常揭示了「較不重要」的參與者（有時候是局外人），並著重傳統上認為是邊緣或與狹義科學無關的「文化形式」。這十五年來，一些歷史學家不見得反對「科學革命」，但對生產科學觀念（甚至科學事實）的具體實作抱持高度興趣。這種對科學革命該如何描述和解釋的辯論，激發出具有高度反省力的歷史學；歷史學家對科學革命的描述，多少和他認為如何生產正確的歷史解釋相關。

長期以來，各家派別對科學革命之歷史學的討論皆持不同論調，這

顯示了歷史學社群對於應該解釋什麼，以及如何才算充分解釋其意見有著根深蒂固的不同。

對於這個議題的完整研究，可參考以下兩本。科恩的參考書目是一個很好的研究起點，但是要注意他個人對某些歷史學家的歸類；波特的研究較為平實，但也清晰地揭示許多相關的歷史學議題。

H. Floris Cohen, *The Scientific Revolution: A Historiographical Inquiry* (Chicago: University of Chicago Press, 1994).

＊ Roy Porter, "The Scientific Revolution: A Spoke in the Wheel?" in *Revolution in History*, ed. Roy Porter and Mikulas Teich (Cambridge: Cambridge University Press, 1986), 290-316.

以下這本收錄許多傑出的論文，此處列出特別值得一提的兩篇，後者同時也討論了歷史上的科學定義和方法論。

Reappraisals of the Scientific Revolution, ed. David C. Lindberg and Robert S. Westman (Cambridge: Cambridge University Press, 1900).

Lindberg, "Conceptions of the Scientific Revolution from Bacon to Butterfield: A Preliminary Sketch," p.1-26.

＊ Ernan McMullin, "Conceptions of Science in the Scientific Revolution," p.27-92.

想綜觀各國對此議題不同的看法，可參考以下這本，書中收錄了一些不錯的歷史學論文；此外有關這本書的評論也很值得參考。

The Scientific Revolution in National Context, ed. Roy Porter and Mikulas Teich (Cambridge: Cambridge University Press, 1992).

科學革命

The Scientific Revolution

Lorraine Daston, "The Several Contexts of the Scientific Revolution," *Minerva* 32 [1994]: 108-14）。

雖然在傳統的解釋裡，數學物理學的重大轉變正是科學革命的「本質」，但物理學的文化和數學化的科學並不能代表所有的「現代早期科學」。下面這本區分出不同科學實作的傳統，點出只有部分科學傳統在十七世紀經歷了「革命」。

＊Thomas S. Kuhn, "Mathematical versus Experimental Traditions in the Development of Physical Science," in his *The Essential Tension: Selected Studies in Scientific Tradition and Change* (Chicago: University of Chicago Press, 1977), 31-65.

孔恩經典的《科學革命的結構》提出了影響後世的架構，用以理解當時革命的本質；同時也特別指出，在統稱「科學的」實作裡，存在的歧異。

Thomas Samuel Kuhn, *The Structure of Scientific Revolutions*, 2d ed. (Chicago: University of Chicago Press, 1970; orig. publ. 1962).

至於最強烈懷疑科學革命一致性和連續性的說法，可參考舒斯特（John A. Schuster）的懷疑論，他不認為有具唯一性、一致性、有效性的科學方法。他還有一系列針對笛卡兒的論文，而笛卡兒可是十七世紀呼籲方法論最有力的哲學家。

John A. Schuster, "The Scientific Revolution," in *Companion to the History of Modern Science*, ed. R. C. Olby et al. (London: Routledge, 1990), 217-42.

———, "Cartesian Method as Mythic Speech: A Diachronic and Structural Analysis," in *The Politics and Rhetoric of Scientific Method: Historical Studies*, ed. John A. Schuster and Richard R. Yeo (Dordrecht: D. Reidel, 1986), 33-95.

———, "Whatever Should We Do with Cartesian Method? Reclaiming Descartes for the History of Science," in *Essays on the Philosophy and Science of René Descartes*, ed. Stephen Voss (New York: Oxford University Press, 1993), 195-223.

對形上學、機械論和數學在科學革命中是否具有關鍵地位有所懷疑的論述，可參考威爾森（Catherine Wilson）的《看不見的世界》（*The Invisible World*，見頁271），特別是第一章。對一般科學革命傳統文獻的反思，請參考：

Rivka Feldhay, "Narrative Constraints on Historical Writing: The Case of the Scientific Revolution," *Science in Context* 7(1994): 7-24.

從二次大戰到冷戰結束的這段時間，有關科學革命的歷史學論戰圍繞在「外在」與「內在」的對抗。內在論的歷史學家主張，單是依靠證據、推論和方法論就足以解釋科學發展，他們樂於指出科學發展自有其內在邏輯。外在論的歷史學家認為應該在「知識因素」之上，補充像是政治、宗教、經濟的社會文化脈絡等外在因素。內在論與外在論的論戰（現已結束）並沒有聚焦什麼特別議題，但卻充滿了意識形態。外在論者常是馬克思主義者或同情馬克思主義的人。內在論者則視援引外在「社會因素」為一種詆毀，甚至是「庸俗馬克思主義」用共產主義對付自由世界的武器。想簡短回顧這段不尋常但影響深遠的歷史學爭論，可參考以下文章；其中，前蘇聯物理學家和哲學家郝森（Boris

Hessen）的長文雖不太討喜，卻是馬克思主義外在論的經典。

Steven Shapin, "Discipline and Bounding: The History and Sociology of Science as Seen through the Externalism-Internalism Debate," *History of Science* 30 (1992): 333-69.

Boris Hessen, "The Social and Economic Roots of Newton's 'Principia,'" in *Science at the Cross Roads*, ed. N. I. Bukharin et al. (London: Frank Cass, 1971; orig. publ. 1931), 149-212.

Edgar Zilsel, "The Sociological Roots of Science," *American Journal of Sociology* 47 (1942): 245-79；Franz Borkenau, "The Sociology of the Mechanistic World-Picture," *Science in Context* 1 (1987): 109-27 (art. orig. publ. 1932).

Henryk Grossmann, "The Social Foundations of Mechanistic Philosophy and Manufacture," *Science in Context* 1 (1987): 129-80 (art. orig. publ. 1935).

George Clark, *Science and Social Welfare in the Age of Newton*, 2d ed. (Oxford: Clarendon Press, 1970; orig. publ. 1937).

Robert M. Young, "Marxism and the History of Science," in *Companion to the History of Modern Science*（見頁231），77-86.

雖然近年來馬克思主義的傳統已不若先前活躍，但不代表後繼無人。持續在這個傳統耕耘現代早期科學研究的有雅各夫婦（James Jacob and Margaret Jacob，見頁291）、海登（Richard Hadden，見頁246），以及斯懷茲（Frank Swetz，見頁246），以及以下這本：

Gideon Freudenthal, *Atom and Individual in the Age of Newton: On the Genesis of the Mechanistic World View*, trans. Peter McLaughlin (Dordrecht: D. Reidel, 1986; orig. publ. 1982).

雖然美國社會學家莫頓（Robert K. Merton，見頁273）謹慎劃清自己與馬克思外在論的關連，但其1938年論十六世紀英格蘭科學與宗教的作品仍然成為攻擊的箭靶。夸黑（見頁227、頁274）的歷史學則是內在論者回應馬克思主義者和莫頓的重要憑藉。相關的歷史學議題，如科學實作者的社會認同和科學的社會關係，可參考：

A. Rupert Hall, "The Scholar and the Craftsman in the Scientific Revolution," in *Critical Problems in the History of Science*, ed. Marshall Clagett (Madison: University of Wisconsin Press, 1959), 3-23.

Renaissance and Revolution: Humanists, Scholars, Craftsmen and Natural Philosophers in Early Modern Europe, ed. J. V. Field and Frank A. J. L. James (Cambridge: Cambridge University Press, 1993).

＊Steven Shapin, "'A Scholar and a Gentleman': The Problematic Identity of the Scientific Practitioner in Early Modern England," *History of Science* 29 (1991): 279-327.

3. 各種框架和各種學科

3-1 機械論哲學和物理科學

在傳統解釋中，機械論和其相關主題是科學革命的重頭戲。事實上，大多數的文獻裡，正是機械論主導了這場革命。除了第一節所提到的，還有幾份特別值得參考的資料。

瞭解物質理論很好的初步資料：

＊Marie Boas [Hall], "The Establishment of the Mechanical Philosophy," *Osiris*

10 (1952): 412-541.

這份資料討論了力學，以及把自然當成機械，思考彼此間的關係：
* J. A. Bennett, "The Mechanics' Philosophy and the Mechanical Philosophy," *History of Science* 24 (1986): 1-28.

討論時鐘的文化意涵與時鐘譬喻的最好文獻：
* Otto Mayr, *Authority, Liberty and Automatic Machinery in Early Modern Europe* (Baltimore: Johns Hopkins University Press, 1986).

其他可供參考的資料：
Klaus Maurice and Otto Mayr, eds., *The Clockwork Universe: German Clocks and Automata, 1550-1650* (New York: Neale Watson, 1980).

Derek J. de Solla Price, "Automata and the Origins of Mechanism and Mechanistic Philosophy," *Technology and Culture* 5 (1964): 9-23.

Silvio A. Bedini, "The Role of Automata in the History of Technology," *Technology and Culture* 5 (1964): 24-42.

* Laurens Laudan, "The Clock Metaphor and Probabilism: The Impact of Descartes on English Methodological Thought, 1650-65," *Annals of Science* 22 (1966): 73-104.

想瞭解梅森和機械論可參考：
Robert Lenoble, *Mersenne, ou La naissance du mecanisme* (Paris: J. Vrin, 1943).

Peter Dear, *Mersenne and the Learning of the Schools* (Ithaca: Cornell University

Press, 1988), chap. 6.

Stephen Gaukroger, *Descartes: An Intellectual Biography* (Oxford: Oxford University Press, 1995):146-52，該章討論到 Isaac Beeckman。

想瞭解機械論哲學的一致性、可理解性和文化認同等基本問題，可參考一篇重要的論文：

＊Alan Gabbey, "The Mechanical Philosophy and Its Problems: Mechanical Explanations, Impenetrability, and Perpetual Motion," in *Change and Progress in Modern Science*, ed. Joseph C. Pitt (Dordrecht: D. Reidel, 1985), 9-84.

——, "The Case of Mechanics: One Revolution or Many?" in *Reappraisals of the Scientific Revolution.*（見頁230）

＊Alan Chalmers, "The Lack of Excellency of Boyle's Mechanical Philosophy," *Studies in History and Philosophy of Science* 24 (1993): 541-64.

想瞭解牛頓如何形塑萬有引力的可理解性，可參考：

＊Gerd Buchdahl, "Gravity and Intelligibility: Newton to Kant," in *The Methodological Heritage of Newton*, ed. Robert E. Butts and John W. Davis (Toronto: University of Toronto Press, 1970), 74-102.

想瞭解「自然哲學」的歷史意義，特別是牛頓學說，可參考：

Simon Schaffer, "Natural Philosophy," in *The Ferment of Knowledge: Studies in the Historiography of Eighteenth-Century Science*, ed. George S. Rousseau and Roy Porter (Cambridge: Cambridge University Press, 1980), 55-91.

物理科學的相關主題，基本上都已在「大傳統」的架構下被研究過了。不過如果想進一步涉獵物理學的其他主題，可參考：

Richard S. Westfall, *Force in Newton's Physics: The Science of Dynamics in the Seventeenth Century* (London: Macdonald, 1971).

I. Bernard Cohen, *Franklin and Newton: An Inquiry into Speculative Newtonian Experimental Science and Franklin's Work in Electricity as an Example Thereof* (Cambridge: Harvard University Press, 1966; orig. publ.1956), esp. chaps. 5-6.

——, *The Newtonian Revolution* (Cambridge: Cambridge University Press, 1980).

John Heilbron, *Electricity in the Seventeenth and Eighteenth Centuries: A Study of Early Modern Physics* (Berkeley: University of California Press, 1979).

——, *Elements of Early Modern Physics* (Berkeley: University of California Press, 1982).

Mary B. Hesse, *Forces and Fields: A Study of Action at a Distance in the History of Physics* (Totowa, N.J.: Littlefield, Adams, 1965; orig. publ. 1961).

A. I. Sabra, *Theories of Light: From Descartes to Newton* (Cambridge: Cambridge University Press, 1981; orig. publ. 1967).

Alan E. Shapiro, *Fits, Passions, and Paroxysms: Physics, Method, and Chemistry and Newton's Theories of Colored Bodies and Fits of Easy Reflection* (Cambridge: Cambridge University Press, 1993), pt. I.

——, "Kinematic Optics: A Study of the Wave Theory of Light in the Seventeenth Century," *Archive for History of Exact Sciences* 11 (1973):134-266.

Edward Grant, *Much Ado about Nothing: Theories of Space and Vacuum from the Middle Ages to the Scientific Revolution* (Cambridge: Cambridge University Press, 1981).

托里切利實驗和相關氣體力學：

Cornelis de Waard, *L'experience barometrique: Ses antecedents et ses explications* (Thouars: J. Gamon, 1936).

Jean-Pierre Fanton d'Andon, *L'horreur du vide: Experience et reason dans la physique pascalienne* (Paris: CNRS, 1978).

巴斯卡傳記：

Donald Adamson, *Blaise Pascal: Mathematician, Physicist, and Thinker about God* (New York: St. Martin's Press, 1995).

磁學方面的研究：

Stephen Pumfrey, "Mechanizing Magnetism in Restoration England: The Decline of Magnetic Philosophy," *Annals of Science* 44 (1987): 1-22.

———, "'O tempora, O magnes!' A Sociological Analysis of the Discovery of Secular Magnetic Variation in 1634," *British Journal for the History of Science* 22 (1989): 181-214.

3-2　自然與環境的普遍觀點

許多經典文獻追溯了從文藝復興到科學革命時代，自然觀轉變大致的輪廓，通常會特別著墨從有機觀點到機械觀點的轉變。絕佳的入門資料：

R. G. Collingwood, *The Idea of Nature* (London: Oxford University Press, 1960; orig. publ. 1945), esp. pt. II chap. 1.

想要瞭解微觀世界／宏觀世界的主題，以及萬物的位階關係，可參考這篇重要的形上學歷史研究：

Arthur O. Lovejoy, *The Great Chain of Being: A Study of the History of an Idea* (Cambridge: Harvard University Press, 1964; orig. publ. 1936).

E. M. W. Tillyard, *The Elizabethan World Picture* (Harmondsworth: Pelican, 1972; orig. publ. 1943).

關於物理神學（physicotheology）和「環境」觀念可參考：

Clarence J. Glacken, *Traces on the Rhodian Shore: Nature and Culture in Western Thought from Ancient Times to the End of the Eighteenth Century* (Berkeley: University of California Press, 1976; orig. publ. 1967), pt. III.

Yi-fu Tuan, *The Hydrologw Cycle and the Wisdom of God: A Theme in Geoteleology* (Toronto: University of Toronto Press, 1968).

———, *Topophilia: A Study of Environmental Perception, Attitudes, and Values* (Englewood Cliffs, N.J.: Prentice-Hall, 1974)；Roy Porter, "The Terraqueous Globe," in *The Ferment of Knowledge*（見頁236），283-324.

從更為社會史的取向，來研究自然觀：

Keith Thomas, *Religion and the Decline of Magic: Studies in Popular Beliefs in Sixteenth- and Seventeenth-Century England* (Harmondsworth: Penguin, 1973).

———, *Man and the Natural World: A History of the Modern Sensibility* (New York: Pantheon, 1983).

Alien G. Debus, *Man and Nature in the Renaissance* (Cambridge: Cambridge University Press, 1978).

女性主義觀點：

Carolyn Merchant, *The Death of Nature: Women, Ecology and the Scientific Revolution* (San Francisco: Harper San Francisco, 1990; orig. publ. 1980).

C. 天文學和天文學家

哥白尼和其相關理論天文學、觀測天文學的主題，已經在「大傳統」的文獻裡被充分討論。較為實用且簡明的文獻可參考：

J. R. Ravetz, "The Copernican Revolution," in *Companion to the History of Modern Science*（見頁231），201-16.

詳細討論哥白尼相關技術和觀念，可參考以下幾本。其中，庫斯勒（Arthur Koestler）的作品研究了克卜勒、第谷和伽利略，頗受歡迎，至今還有發展的潛力。

Thomas S. Kuhn, *The Copernican Revolution: Planetary Astronomy in the Development of Western Thought* (Cambridge: Harvard University Press, 1957).

Arthur Koestler, *The Sleepwalkers: A History of Man's Changing Vision of the Universe* (New York: Macmillan, 1959).

Alexandre Koyre, *The Astronomical Revolution: Copernicus-Kepler-Borelli*, trans. R. E. W. Maddison (New York: Dover Books, 1992; orig, publ. 1973); *From the Closed World to the Infinite Universe*（見頁227）.

Albert Van Helden, *Measuring the Universe: Cosmic Dimensions from Aristarchus to Halley* (Chicago: University of Chicago Press, 1985).

Karl Hufbauer, *Exploring the Sun: Solar Science since Galileo* (Baltimore: Johns Hopkins University Press, 1991), 1-32.

Edward Grant, *Planets, Stars, and Orbs: The Medieval Cosmos, 1200-1687* (Cambridge: Cambridge University Press, 1994).

Jean Dietz Moss, *Novelties in the Heavens: Rhetoric and Science in the Copernican Controversy* (Chicago: University of Chicago Press, 1994).

James M. Lattis, *Between Copernicus and Galileo: Christoph Clavius and the Collapse of Ptolemaic Cosmology* (Chicago: University of Chicago Press, 1994).

The Copernican Achievement, ed. Robert S. Westman (Berkeley: University of California Press, 1975).

Westman, "The Copernicans and the Churches," in *God and Nature: Historical Essays on the Encounter between Christianity and Science*, ed. David C. Lindberg and Ronald L. Numbers (Berkeley: University of California Press, 1986), 76-113.

極有影響力，討論現代早期天文學家養成訓練與認同的專文：

Westman, "The Astronomer's Role in the Sixteenth Century: A Preliminary Study," *History of Science* 18 (1980): 105-47.

關於第谷生平：

Victor E. Thoren, *The Lord of Uraniborg: A Biography of Tycho Brahe* (Cambridge: Cambridge University Press, 1990).

有關克卜勒：

Max Caspar, *Kepler, 1571-1630*, ed. and trans. C. Doris Helirnan (New York: Collier Books, 1962; orig. publ. 1959).

Nicholas Jardine, *The Birth of History and Philosophy of Science: Kepler's "A Defence of Tycho against Ursus" with Essays on Its Provenance and Significance* (Cambridge: Cambridge University Press, 1984).

Bruce Stephenson, *Kepler's Physical Astronomy* (Princeton: Princeton University Press, 1994; orig. publ. 1987).

——, *The Music of the Heavens: Kepler's Harmonic Astronomy* (Princeton: Princeton University Press, 1994).

關於觀測天文學的討論：

＊ Albert Van Helden, "Telescopes and Authority from Galileo to Cassini," *Osiris* 9 (1994): 8-29.

Mary G. Winkler and Albert Van Helden, "Representing the Heavens: Galileo and Visual Astronomy," *Isis* 83 (1992): 195-217.

——, "Johannes Hevelius and the Visual Language of Astronomy," in *Renaissance and Revolution*（見頁234）, 95-114.

行星學在觀測和理論方面的主題：

Planetary Astronomy from the Renaissance to the Rise of Astrophysics. Part A: Tycho Brahe to Newton, General History of Astronomy, vol. 2, ed. Rene Taton and Curtis Wilson (Cambridge: Cambridge University Press, 1989).

彗星學：

James A. Ruffner, "The Curved and the Straight: Cometary Theory from Kepler to Hevelius," *Journal of the History of Astronomy* 2 (1971): 178-94.

科學革命

The Scientific Revolution

關於各式天文學實作，簡明易懂的解釋：

Lesley Murdin, *Under Newton's Shadow: Astronomical Practices in the Seventeenth Century* (Bristol: Adam Hilger, 1985).

贊助模式和伽利略觀測天文學之間的關係：

＊Mario Biagioli, *Galileo, Courtier: The Practice of Science in the Culture of Absolutism* (Chicago: University of Chicago Press, 1993), esp. chaps. 1-2.

Richard S. Westfall, "Science and Patronage: Galileo and the Telescope," *Isis* 76 (1985): 11-30.

贊助模式和哥白尼研究之間的關係：

Robert S. Westman, "Proof, Poetics, and Patronage: Copernicus's Preface to De Revolutionibus," in *Reappraisals of the Scientific Revolution*（見頁230）, 167-205.

關於天文學和占星學的關係，除了以上的作品，尚可參考：

Patrick Curry, *Prophecy and Power: Astrology in Early Modern England* (Princeton: Princeton University Press, 1989).

Ann Geneva, *Astrology and the Seventeenth-Century Mind: William Lilly and the Language of the Stars* (Manchester: Manchester University Press, 1994).

Astrology, Science and Society: Historical Essays, ed. Patrick Curry (Woodbridge: Boydell and Brewer, 1987), esp. Simon Schaffer, "Newton's Comets and the Transformation of Astrology," 219-43.

占星學和其敵對陣營的社會學意義：

Peter W. G. Wright, "Astrology and Science in Seventeenth Century England," *Social Studies of Science* 5 (1975): 399-422.

——, "A Study in the Legitimisation of Knowledge: The 'Success' of Medicine and the 'Failure' of Astrology," in *On the Margins of Science: The Social Construction of Rejected Knowledge*, ed. Roy Wallis, Sociological Review Monograph 27 (Keele: University of Keele Press, 1979), 85-102.

3-4　數學和數學家

雖然傳統上自然哲學的數學化被視為科學革命的本質，也有大量研究現代早期數學大師所撰寫的論文，但相較於其他學科的發展，對數學的研究還是顯得不足，經典作品有：

Carl B. Boyer, *The History of Calculus and Its Conceptual Development* (New York: Dover Books, 1959; orig. publ. 1949), esp. chaps. 4–5.

J. F. Scott, *A History of Mathematics: From Antiquity to the Beginning of the Nineteenth Century* (London: Taylor and Francis, 1958), esp. chaps. 6–10.

綜觀十七世紀科學發展：

D. T. Whiteside, "Patterns of Mathematical Thought in the Seventeenth Century," *Archive for History of Exact Sciences* 1 (1961): 179-388.

從新力學之可理解性的角度去檢視數學：

Michael S. Mahoney, "Infinitesimals and Transcendent Relations: The Mathematics of Motion in the Late Seventeenth Century," in *Reappraisals of the Scientific Revolution*（見頁230），461-91.

數學和數學哲學主題：

Paolo Mancosu, *Philosophy of Mathematics and Mathematical Practices in the Seventeenth Century* (Oxford: Oxford University Press, 1995).

Gaukroger 的笛卡兒傳記（見頁300）引用了豐富的數學與機械論資料，Westfall 的牛頓傳記（見頁302）也有異曲同工之妙。

霍布斯對數學具高度爭議的見解，請參考：

Douglas M. Jesseph, "Hobbes and Mathematical Method," *Perspectives on Science* 1 (1993): 306-41.

William Sacksteder, "Hobbes: The Art of the Geometricians," *Journal of the History of Philosophy* 18 (1980): 131-46.

——. "Hobbes: Geometrical Objects," *Philosophy of Science* 48(1981): 573-90.

Helena M. Pycior, "Mathematics and Philosophy: Wallis, Hobbes, Barrow, and Berkeley," *Journal of the History of Ideas* 48 (1987): 265-86.

牛頓和萊布尼茲對誰是發明微積分第一人的爭議：

A. Rupert Hall, *Philosophers at War: The Quarrel between Newton and Leibniz* (Cambridge: Cambridge University Press, 1980).

從社會經濟脈絡（或說社會史取向）討論算術和應用數學；例如，馬克思主義者：

Richard W. Hadden, *On the Shoulders of Merchants: Exchange and the Mathematical Conception of Nature in Early Modern Europe* (Albany: State University of New York Press, 1994).

Frank Swetz, *Capitalism and Arithmetic: The New Math of the fifteenth Century* (La Salle, Ill.: Open Court, 1987), 中譯書名《資本主義與算術：十五世紀的新數學》

Witold Kula, *Measures and Men*, trans. R. Szreter (Princeton: Princeton University Press, 1986; orig. publ. 1970).

其他應用數學論文：

A. J. Turner, "Mathematical Instruments and the Education of Gentlemen," *Annals of Science* 30 (1973): 51-88.

Stephen Johnston, "Mathematical Practitioners and Instruments in Elizabethan England," *Annals of Science* 48 (1991): 319-44.

Frances Willmoth, *Sir Jonas Moore: Practical Mathematics and Restoration Science* (Woodbridge: Boydell Press, 1993).

J. A. Bennett, "The Challenge of Practical Mathematics," in *Science, Culture and Popular Belief in Renaissance Europe*, ed. Stephen Pumfrey, Paolo L. Rossi, and Maurice Slawinski (Manchester: Manchester University Press, 1991), 176-90.

Mordechai Feingold, *The Mathematicians' Apprenticeship: Science, Universities and Society in England, 1560-1640* (Cambridge: Cambridge University Press, 1984).

關於數學家和哲學家的社會地位：

Mario Biagioli, "The Social Status of Italian Mathematicians, 1450-1600,"

History of Science 27 (1989): 41-95.

Mario Biagioli, *Gallleo, Courtier*（見頁243）、Westman's "The Astronomer's Role"（見頁241）和Dear's *Discipline and Experience*（見頁268）

概率論和實驗哲學之間的重要關係：

Ian Hacking, *The Emergence of Probability: A Philosophical Study of Early Ideas about Probability, Induction and Statistical Inference* (Cambridge: Cambridge University Press, 1975).

Lorraine J. Daston, *Classical Probability in the Enlightenment* (Princeton: Princeton University Press, 1988), chap. 1.

關於社會統計學：

Peter Buck, "Seventeenth-Century Political Arithmetic: Civil Strife and Vital Statistics," *Isis* 68 (1977): 67-84.

科學定律（也就是自然定律）這個概念的起源與意含：

John R. Milton, "The Origin and Development of the Concept of the 'Laws of Nature,'" *Archives Europeennes de Sociologie* 22 (1981): 173-95.

Jane E. Ruby, "The Origins of Scientific 'Law,'" *Journal of the History of Ideas* 47 (1986): 341-59.

Joseph Needham, "Human Laws and the Laws of Nature," *Journal of the History of Ideas* 12 (1951): 3-32.

Edgar Zilsel, "Physics and the Problem of Historico-sociological Laws," *Philosophy of Science* 8 (1941): 567-79.

———, "The Genesis of the Concept of Scientific Law," *Philosophical Review* 51 (1942): 245-67.

3-5　化學、煉金術和物質理論

把物質放在粒子模式、機械論和實驗架構，討論從「偽科學」煉金術到「真科學」化學的轉變，可參考：

J. R. Partington, *A History of Chemistry*, 4 vols. (London: Macmillan, 1961-70)；

Marie Boas [Hall], *Robert Boyle and Seventeenth-Century Chemistry* (Cambridge: Cambridge University Press, 1958).

Robert P. Multhauf, *The Origins of Chemistry* (New York: F. Watts, 1967)；Henry M. Leicester, *The Historical Background of Chemistry* (New York: John Wiley, 1965; orig. publ. 1956), chaps. 9–12.

Maurice Crosland, *Historical Studies in the Language of Chemistry* (London: Heinemann, 1962), esp. pt. I–II.

Helene Metzger, *Les doctrines chimiques en France du début du XVIIe à la fin du XVIIIe siècle* (Paris: Presses Universitaires de France, 1969; orig. publ. 1923).

但有些歷史學家並不太確定，十七世紀的化學是否稱得上是「革命」，而把拉瓦謝和道爾敦在十八世紀末和十九世紀初的成就稱為「遲來的化學革命」，例如：

Butterfield, *The Origins of Modern Science*（見頁226，第十一章）.

不過，近來的研究不再那麼把十七世紀化學的轉變當成「值得炫耀的勝利」，反而看到化學與煉金術的持續關連。歷史學如何看待十七

世紀的化學，可參考：

J. V. Golinski, "Chemistry in the Scientific Revolution," in *Reappraisals of the Scientific Revolution*（見頁230）, 367-96.

新趨勢的里程碑作品：

Owen Hannaway, *The Chemists and the Word: The Didactic Origins of Chemistry* (Baltimore: Johns Hopkins University Press, 1975).

Charles Webster, *The Great Instauration: Science, Medicine, and Reform, 1626-1660* (London: Duckworth, 1975).

Bruce T. Moran, *The Alchemical World of the German Court: Occult Philosophy and Chemical Medicine in the Circle of Moritz of Hessen (1572-1632)* (Stuttgart: Franz Steiner, 1991).

Pamela H. Smith, *The Business of Alchemy: Science and Culture in the Holy Roman Empire* (Princeton: Princeton University Press, 1994).

Piyo Rattansi and Antonio Clericuzio, eds., *Alchemy and Chemistry in the Sixteenth and Seventeenth Centuries* (Dordrecht: Kluwer, 1994).

煉金術、帕拉塞爾蘇斯毒理學運動，以及醫療和科學：

Walter Pagel, *Paracelsus: An Introduction to Philosophical Medicine in the Era of the Renaissance*, 2d ed. (Basel: S. Karger, 1982; orig. publ. 1958).

——, *Joan Baptista Van Helmont: Reformer of Science and Medicine* (Cambridge: Cambridge University Press, 1982).

Alien G. Debus, *The Chemical Philosophy: Paracelsian Science and Medicine in the Sixteenth and Seventeenth Centuries*, 2 vols. (New York: Science History

Publications,1977).

——, *The English Paracelsians* (London: Oldbourne, 1965). Betty Jo Teeter Dobbs, *The Foundations of Newton's Alchemy, or "The Hunting of the Greene Lyon"* (Cambridge: Cambridge University Press, 1975).

——, *The Janus Face of Genius: The Role of Alchemy in Newton's Thought* (Cambridge: Cambridge University Press, 1991).

William R. Newman, *Gehennical Fire: The Lives of George Starkey, an American Alchemist* (Cambridge: Harvard University Press, 1994).

物質理論、原子論和粒子論，特別是用機械觀點解釋無生命，已經有廣泛的討論。原子論可參考：

Robert H. Kargon, *Atomism in England from Hariot to Newton* (Oxford: Clarendon Press, 1966).

簡明的回顧可參考：

Martin Tamny, "Atomism and the Mechanical Philosophy," in *Companion to the History of Modern Science*（見頁231）, 597-609.

論文集可參考：

Ernan McMullin, ed., *The Concept of Matter in Modern Philosophy* (Notre Dame: Notre Dame University Press, 1978; orig. publ. 1963), pt. I.

培根的物質理論和宇宙論：

Graham Rees, "Francis Bacon's Semi-Paracelsian Cosmology," *Ambix* 22 (1975):

81-101.

——, "Francis Bacon's Semi-Paracelsian Cosmology and the Great Instauration," *Ambix* 22 (1975): 161-73.

——, *Francis Bacon's Natural Philosophy: A New Source* (Chalfont St. Giles: British Society for the History of Science, 1984).

牛頓的諸觀念與其對化學的影響：

Arnold Thackray, *Atoms and Powers: An Essay on Newtonian Matter-Theory and the Development of Chemistry* (Cambridge: Harvard University Press, 1970), chap. 2.

J. E. McGuire, "Force, Active Principles, and Newton's Invisible Realm," *Ambix* 15 (1968): 154-208.

Ernan McMuttin, *Newton on Matter and Activity* (Notre Dame: Notre Dame University Press, 1978).

牛頓物質理論在政治衝突中的角色：

Steven Shapin, "Of Gods and Kings: Natural Philosophy and Politics in the Leibniz-Clarke Disputes," *Isis* 72 (1981): 187-215.

Margaret Jacob, *The Newtonians*（見頁292）。

笛卡兒的諸觀念，參見 Gaukroger 的笛卡兒傳記（見頁300），特別是第五和第七章。

關於波以耳，可參考 Marie Boas [Hall] 的著作（見頁248），以及5-5

所列的參考書目；以及：

Thomas S. Kuhn, "Robert Boyle and Structural Chemistry in the Seventeenth Century," *Isis* 43 (1952): 12-36.

J. E. McGuire, "Boyle's Conception of Nature," *Journal of the History of Ideas* 33 (1972): 523-42.

James R. Jacob, *Robert Boyle*（見頁292）。

物質理論的哲學概念和知識條件：

Peter Alexander, *Ideas, Qualities and Corpuscles: Locke and Boyle on the External World* (Cambridge: Cambridge University Press, 1985).

Maurice Mandelbaum, "Newton and Boyle and the Problem of 'Transdiction,'" in his *Philosophy, Science, and Sense Perception: Historical and Critical Studies* (Baltimore: Johns Hopkins University Press, 1966), 61-117.

關於無生命物質在新哲學中的重要性，John Henry 有重要的不同意見。

John Henry, "Occult Qualities and the Experimental Philosophy: Active Principles in Pre-Newtonian Matter Theory," *History of Science* 24 (1986): 335-81.

3-6　醫學、解剖學和生理學

如同化學，傳統歷史學對於現代早期的醫學和相關實作究竟有多「革命」並沒有一致的看法。基本上，維薩里以觀察為基礎的人體解剖學，以及哈維的血液循環，被認為是科學革命成就的範例，但是近來歷史學家要不是在「創新」的成就裡發現「傳統」的痕跡，不然就是把醫學從革命的名單裡剔除。

解剖思想和實作，請參考：

F. J. Cole, *A History of Comparative Anatomy from Aristotle to the Eighteenth Century* (New York: Dover Books, 1975; orig. publ. 1949).

生物學：

Eric Nordenskiold, *The History of Biology: A Survey,* trans. Leonard Bucknall Eyre (New York: Tudor, 1946; orig. publ. 1920-24), esp. pt. I. chaps 11–13, pt II chaps 1–4.

生理學：

Michael Foster, *Lectures on the History of Physiology during the Sixteenth, Seventeenth, and Eighteenth Centuries* (Cambridge: Cambridge University Press, 1901).

Thomas S. Hall, *History of General Physiology*, 2 vols. (Chicago: University of Chicago Press, 1975; orig. publ. 1969), vol. I, chaps, 11–24.

十七世紀的呼吸理論和營養理論：

Everett Mendelsohn, *Heat and Life: The Development of the Theory of Animal Heat* (Cambridge: Harvard University Press, 1964), esp. chap. 3.

雖然不確定近來醫學史的史學基礎是否比之前的更加成熟，但要進入排山倒海的傳統文獻，可先參考：

Erwin H. Ackerknecht, *A Short History of Medicine*, rev. ed. (Baltimore: Johns Hopkins University Press, 1982; orig. publ. 1955), esp. chaps. 9–10.

參考文獻

Bibliographic Essay

維薩里完整詳實的傳記：

C. D. O'Malley, *Andreas Vesalius of Brussels, 1514-1564* (Berkeley: University of California Press, 1964).

關於哈維，既有傳統也有修正主義的文獻：

Walter Pagel, *William Harvey's Biological Ideas: Selected Aspects and Historical Background* (Basel: S. Karger, 1967).

Gweneth Whitteridge, *William Harvey and the Circulation of the Blood* (London: Macdonald, 1971).

特別針對哈維發現血液循環的醫學脈絡：

Jerome J. Bylebyl, "The Medical Side of Harvey's Discovery: The Normal and the Abnormal," in *William Harvey and His Age: The Medical and Social Context of the Discovery of the Circulation*, ed. Jerome J. Bylebyl, supplement to *Bulletin of the History of Medicine*, n.s., 2 (Baltimore: Johns Hopkins University Press, 1979), 28-102.

Roger French, *William Harvey's Natural Philosophy* (Cambridge: Cambridge University Press, 1994).

哈維之後的英國生理學發展，其中還包含豐富的英格蘭科學制度的資料：

Robert G. Frank Jr., *Harvey and the Oxford Physiologists: Scientific Ideas and Social Interaction* (Berkeley: University of California Press, 1980).

簡明的史學概況：

Andrew Wear, "The Heart and Blood from Vesalius to Harvey," in *Companion to the History of Modern Science*（見頁231），568-82.

雖然十七世紀的醫學和生理學掌握了機械論的觀念，但是歷史學家並不認為醫學因此有特別的成就。事實上，機械論並沒有真的啟動醫學和生理學的進展；包括政治和社會等其他條件，常被用來解釋機械論之所以在這些領域吸引人的原因。關於英國的整體條件，可參考：

Theodore M. Brown, "The College of Physicians and the Acceptance of Iatromechanism in England, 1665-1695," *Bulletin of the History of Medicine* 44 (1970): 12-30.

——, "Physiology and the Mechanical Philosophy in Mid-Seventeenth-Century England," *Bulletin of the History of Medicine* 51 (1977): 25-54.

Anita Guerrini, "James Keill, George Cheyne and Newtonian Physiology, 1690-1740," *Journal of the History of Biology* 18 (1985): 247-66.

——, "The Tory Newtonians: Gregory, Pitcairne and Their Circle," *Journal of British Studies* 25 (1986): 288-311.

——, "Archibald Pitcairne and Newtonian Medicine," *Medical History* 31 (1987): 70-83, Charles Webster, *The Great Instauration*（見頁249）.

——, "William Harvey and the Crisis of Medicine in Jacobean England," in *William Harvey and His Age*（見頁254），1-27.

Christopher Hill, "William Harvey and the Idea of Monarchy," in *The Intellectual Revolution of the Seventeenth Century*, ed. Charles Webster (London: Routledge and Kegan Paul, 1974), 160-81.

Harold J. Cook, "The New Philosophy and Medicine in Seventeenth-Century England," in *Reappraisals of the Scientific Revolution*（見頁 230）, 397-436.

笛卡兒式的機械論生理學和醫學：

G. A. Lindeboom, Descartes and Medicine (Amsterdam: Rodopi, 1978). Thomas S. Hall, "The Physiology of Descartes," *Treatise of Man* (Cambridge: Harvard University Press, 1972), xxvi-xlviii.

Leonora Cohen Rosenfield, *From Beast-Machine to Man-Machine: Animal Soul in French Letters from Descartes to La Mettrie*, new ed. (New York: Octagon Books, 1968; orig. publ. 1941).

Richard B. Carter, *Descartes' Medical Philosophy: The Organic Solution to the Mind-Body Problem* (Baltimore: Johns Hopkins University Press, 1983).

特別是 Gaukroger 所著的笛卡兒傳記（見頁 300）, 269-92。

檢視機械論和非機械論在生物學領域的影響：

Daniel Fouke, "Mechanical and 'Organical' Models in Seventeenth-Century Explanations of Biological Reproduction," *Science in Context* 3 (1989): 365-82.

近年來歷史學有一個明顯的趨勢，焦點從醫學理論轉移到當時的醫學實作，包括了納入病人的觀點，這個趨勢會使得研究取向從科學革命的傳統架構中出走，代表作品有：

Lucinda McCray Beier, *Sufferers and Healers: The Experience of Illness in Seventeenth-Century England* (London: Routledge and Kegan Paul, 1987).

Roger French and Andrew Wear, eds., *The Medical Revolution of the Seventeenth Century* (Cambridge: Cambridge University Press, 1989).

Roy Porter, ed., *Patients and Practitioners: Lay Perceptions of Medicine in Pre-industrial Society* (Cambridge: Cambridge University Press, 1985).

非專業的女性醫學實作者：

Linda Pollock, *With Faith and Physic: The Life of a Tudor Gentlewoman, Lady Grace Mildmay, 1552-1620* (London: Collins and Brown, 1992).

波以耳的醫學實作：

Barbara Beigun Kaplan, *"Divulging of Useful Truths in Physick" : The Medical Agenda of Robert Boyle* (Baltimore: Johns Hopkins University Press, 1993).

關於醫療效果是自然或超自然的辯論：

Earnon Duffy, "Valentine Greatrakes, the Irish Stroker: Miracle, Science and Orthodoxy in Restoration England," *Studies in Church History* 17 (1981): 251-73.

*Barbara Beigun Kaplan, "Greatrakes the Stroker: The Interpretations of His Contemporaries," *Isis* 73 (1982): 178-85.

*James R. Jacob, *Henry Stubbe, Radical Protestantism and the Early Enlightenment* (Cambridge: Cambridge University Press, 1983), chap 3, 164-74.

本書第一章討論到狄格拜勛爵的「武器藥膏」，雖然缺乏很有系統的歷史研究，但可參考以下兩本：

Sir William Osier, *Sir Kenelm Digby's Powder of Sympathy: An Unfinished Essay by Sir William Osier* (Los Angeles: Plantin Press, 1972; orig. publ. 1900).

Betty Jo Teeter Dobbs, "Studies in the Natural Philosophy of Sir Kenelm Digby, Parts I-III," *Ambix* 18 (1971I): 1-25; 20 (1973): 143-63; 21 (1974): 1-28.

3-7　自然史和相關實作

十七世紀，「自然史」指的是對自然「事實」的記錄。但實作者對於這樣的記錄與「自然哲學」有怎樣的關係，各持不同意見。英國的實作者主要跟隨培根，努力改進自然史，使其成為自然哲學的基礎。但一些英國的哲學家（如：霍布斯）和許多歐陸哲學家（如：笛卡兒）認為這樣的記錄，無論多麼仔細，都不可能成為講求系統的、穩定的、確定的自然哲學的基礎。歷史學家的意見大致上也跟隨十七世紀的爭議。一些歷史學家認為自然史根本不屬於科學革命，但有些則認為，自然史投注在觀察法和記錄法的重大改進，大大擴展了經驗知識；不僅如此，自然史還加強把對自然事物的真實觀察與偽觀察區分開來。這種對自然史的不同見解，是科學革命研究的基本課題，也是理解這場革命本質的基本議題（參見4-1提供的書目）。

關於十七世紀自然史的研究：

Phillip R. Sloan, "Natural History, 1670-1802," in *Companion to the History of Modern Science*（見頁231），295-313.

Joseph M. Levine, "Natural History and the History of the Scientific Revolution," *Clio* 13 (1983): 57-73.

對自然史的各種研究：

Nicholas Jardine, James A. Secord, and Emma C. Spary, eds., *Cultures of Natural History* (Cambridge: Cambridge University Press, 1996)，特別是 Ashworth, Cook, Findlen, Johns, Roche 和 Whitaker 所貢獻的章節。

自然史與醫學的關係：

Harold J. Cook, "The Cutting Edge of a Revolution? Medicine and Natural History Near the Shores of the North Sea," in *Renaissance and Revolution*（見頁 234），45-61.

從文藝復興到十七世紀，自然史的各種文化條件：

William B. Ashworth Jr., "Natural History and the Emblematic World View," in *Reappraisals of the Scientific Revolution*（見頁 230），303-32.

把十七世紀自然史看成對「仿同性」的追求，是一份影響重大的綱領性研究：

Michel Foucault, *The Order of Things: An Archaeology of the Human Sciences* (London: Tavistock, 1970; orig. publ. 1966), esp. chaps. 2–3.

關於歐洲與新大陸的接觸，以及自然史的新研究，重要且易懂的作品：

＊Anthony Grafton, *New Worlds, Ancient Texts: The Power of Tradition and the Shock of Discovery* (Cambridge: Belknap Press of Harvard University Press, 1992).

Stephen Greenblatt, *Marvelous Possessions: The Wonder of the New World* (Chicago: University of Chicago Press, 1991).

＊Steven Shapin, *A Social History of Truth*（見頁 268），esp. chaps. 5–6, 243-58.

Wilma George, "Source and Background to Discoveries of New Animals in the Sixteenth and Seventeenth Centuries," *History of Science* 18 (1980): 79-104.

關於在美洲各殖民地的自然史實作：

Raymond Phineas Steams, *Science in the British Colonies of America* (Urbana: University of Illinois Press, 1970).

處理文藝復興晚期和巴洛克時期義大利的自然史採集，研究其目的和實作相當好的作品：

＊Paula Findlen, *Possessing Nature: Museums, Collecting, and Scientific Culture in Early Modern Italy* (Berkeley: University of California Press, 1994).

Jay Tribby, "Body/Building: Living the Museum Life in Early Modern Europe," *Rhetorica* 10 (1992): 139-63.

Krzysztof Pomian, *Collectors and Curiosities: Paris and Venice, 1500-1800*, trans. Elizabeth Wiles-Portier (Cambridge: Polity Press, 1990; orig. publ. 1987).

Joseph M. Levine, *Dr. Woodward's Shield: History, Science, and Satire in Augustan England* (Berkeley: University of California Press, 1977).

Stan A. E. Mendyk, "*Speculum Britanniae*" *: Regional Study Antiquarianism, and Science in Britain to 1700* (Toronto: University of Toronto Press, 1989).

Thomas DaCosta Kaufmann, *The Mastery of Nature Aspects of Art, Science, and Humanism in the Renaissance* (Princeton: Princeton University Press, 1993), chap. 7.

Paolo Rossi, "Society, Culture and the Dissemination of Learning," in *Science, Culture and Popular Belief*（見頁246），143-75（esp. 162-72）.

科學革命

———

The Scientific Revolution

Arthur MacGregor, *Sir Hans Sloane: Colleciton Scientist, Antiquary, Founding Father of the British Museum* (London: British Museum Press, 1994).

Oliver Impey and Arthur Mac Gregor, eds., *The Origins of Museums: The Cabinet of Curiosities in Sixteenth, and Seventeenth-Century Europe* (Oxford: Clarendon Press, 1985).

人文學者和現代早期植物學的觀察和記錄：

＊Karen Meier Reeds, *Botany in Medieval and Renaissance Universities* (New York: Garland, 1991; orig. Harvard University Ph.D. diss., 1975).

關於十七世紀自然史裡的經驗之獨特性，和其在自然哲學中的角色：

＊Peter Dear, "Totius in Verba: Rhetoric and Authority in the Earl Royal Society," *Isis* 76 (1985): 145-61.

＊Lorraine J. Daston, "The Factual Sensibility," *Isis* 79 (1988): 452-70（這篇論文評論了近期對自然史採集文化的研究）.

——, "Marvelous Facts and Miraculous Evidence in Early Modern Europe," in *Questions of Evidence: Proof, Practice, and Persuasion across the Disciplines*, ed. James Chandler, Arnold I. Davidson, and Harry Harootunian (Chicago: University of Chicago Press, 1994; art. orig. publ. 1991), 243-74.

——, "Baconian Facts, Academic Civility, and the Prehistory of Objectivity," *Annals of Scholarship* 8 (1991): 337-63.

Katharin Park and Lorraine J. Daston, "Unnatural Conceptions: The Study of Monsters in Sixteenth- and Seventeenth-Century France and England," *Past and Present* 92 (1981): 20-54.

——, *Wonders and the Order of Nature, 1150-1750* (New York, N.Y.: Zone Books, 1997), esp. pt. II.

*Barbara J. Shapiro, *Probability and Certainty in Seventeenth-Century England: A Study of the Relationships between Natural Science, Religion, History, Law, and Literature* (Princeton: Princeton University Press, 1983), esp. chap. 4（人與自然史實作的關係）.

也請參考4-1，有關自然史和科學實驗裡，經驗構成和角色的文獻。

地質學的討論：

Gordon L. Davies, *The Earth in Decay: A History of Geomorphology, 1578-1878* (London: Macdonald, 1969), chaps. 1–3.

Martin J. S. Rudwick, *The Meaning of Fossils: Episodes in the History of Palaeontology* (Chicago: University of Chicago Press, 1985; orig. publ. 1972), chaps. 1–2.

Roy Porter, *The Making of Geology: Earth Science in Britain, 1660-1815* (Cambridge: Cambridge University Press, 1977), chaps. 1–3.

John C. Greene, *The Death of Adam: Evolution and Its Impact on Western Thought* (New York: Mentor Books, 1961; orig. publ. 1959), chaps. 1–3.

Paolo Rossi, *The Dark Abyss of Time: The History of the Earth and the History of Nations from Hooke to Vico*, trans. Lydia G. Cochrane (Chicago: University of Chicago Press, 1984; orig. publ. 1979).

Rachel Laudan, *From Mineralogy to Geology: The Foundations of a Science, 1650-1830* (Chicago: University of Chicago Press, 1987), chaps. 1–2.

Levine, *Dr. Woodward's Shield*（見頁260），chaps. 2–3.

地理學：

David N. Livingstone, *The Geographical Tradition: Episodes in the History of a Contested Enterprise* (Oxford: Basil Blackwell, 1993), chaps 2–3.

Lesley B. Cormack, "'Good Fences Make Good Neighbors': Geography as Self-Definition in Early Modern England," *Isis* 82 (1991): 639-61.

早期動、植物分布的研究：

Janet Browne, *The Secular Ark: Studies in the History of Biogeography* (New Haven: Yale University Press, 1983), chap. 1.

氣象學：

H. Frisinger, *The History of Meteorology to 1800* (New York: Science History Publications, 1977).

3-8 關於人類心靈、本質與文化的各種科學

針對今日吾人稱為心理學或者社會學的各種實作，幾乎從未有科學史家提出它們在現代早期曾經歷過「革命」的案例，也因此，相關的歷史文獻相當稀少。另一方面，機械論所面對的困難，許多都成為知識論、心靈哲學、倫理學之中的典型議題，但是很少有這方面的研究者能表現出真正的歷史敏感度；研究者偏愛逕行贊成或反對笛卡兒、霍布斯、洛克及其他人的觀點，而非將這些觀點視為特定歷史情境中的書寫而詮釋之。

就心理學方面的入門書：

Graham Richards, *Mental Machinery: The Origins and Consequences of Psychological Ideas. Part 1: 1600-1850* (Baltimore: Johns Hopkins University Press, 1992).

社會科學可參考：

I. Bernard Cohen, *Interactions: Some Contacts between the Natural Sciences and the Social Sciences* (Cambridge: MIT Press, 1994).

——, "The Scientific Revolution and the Social Sciences," in *The Natural and the Social Sciences: Some Critical and Historical Perspectives*, ed. I. Bernard Cohen (Dordrecht: Kluwer, 1994), 153-203.

人類學可參考：

Margaret T. Hodgen, *Early Anthropology in the Sixteenth and Seventeenth Centuries* (Philadelphia: University of Pennsylvania Press, 1964).

關於人類史的概念：

Shapiro, *Probability and Certainty*, chap. 4.

Rossi, *The Dark Abyss of Time*（兩書可見頁 262）.

Joseph M. Levine, *Humanism and History: Origins of Modern English Historiography* (Ithaca: Cornell University Press, 1987).

有關十七世紀精神疾病的認知與處置，現在已有一些優秀且具文化共鳴性的歷史描述，如下列幾本：

Michael MacDonald, *Mystical Bedlam: Madness, Anxiety, and Healing in Seventeenth-Century England* (Cambridge: Cambridge University Press, 1981).

Roy Porter, *Mind-Forg'd Manacles: A History of Madness in England from the Restoration to the Regency* (Cambridge: Harvard University Press, 1987).

關於十七世紀時期個人與自我之概念：

Charles Taylor 的 *Sources of the Self: The Making of Modern Identity* (Cambridge: Cambridge University Press, 1989), esp. chaps. 9–10.（笛卡兒、洛克、蒙田）

有關自我概念形構在近代前期演變的社會學研究，同時也是近來一些科學革命歷史學家的重要參考：

Norbert Elias 的 *The Civilizing Process*, trans. Edmund Jephcott, 2 vols. (Oxford: Basil Blackwell, 1978, 1983; orig. publ. 1939, 1969).

特別值得一提的是以下這本有關道德哲學之特徵流變的全面考察，其中特別指出在道德行為成為一種「科學」的過程中，科學革命及啟蒙所發揮的效果：

＊Alisdair MacIntyre, *After Virtue: A Study in Moral Theory*, 2d ed. (Notre Dame: University of Notre Dame Press, 1984; orig. publ. 1981).

近來在近代前期科學史研究中最有意思的發展就是確認了科學實作與人文主義研究間的緊密連結。創新與復古這兩個曾被視為背道而馳的發展，如今逐漸被認為是屬於同一事業之中。

這部分研究最重要的學者是 Anthony Grafton，特別值得參考他的

New Worlds, Ancient Texts（見頁259）；以及：

*——, *Defenders of the Text: The Traditions of Scholarship in an Age of Science, 1450-1800* (Cambridge: Harvard University Press, 1991), esp. chap. 7.

——, *Joseph Scaliger: A Study in the History of Classical Scholarship*, 2 vols. (Oxford: Clarendon Press, 1983-93).

Anthony Grafton and Lisa Jardine, *From Humanism to Humanities: Education and the Liberal Arts in Fifteenth-and Sixteenth-Century Europe* (Cambridge: Harvard University Press, 1986).

Anthony Grafton and Ann Blair, eds., *The Transmission of Culture in Early Modern Europe* (Philadelphia: University of Pennsylvania Press, 1990).

關於人文主義與其近代科學間的關聯，還有其他值得一提的作品：

Barbara J. Shapiro, "Early Modern Intellectual Life: Humanism, Religion and Science in Seventeenth-Century England," *History of Science* 29(1991): 45-71.

Michael R. G. Spiller, "Concerning Natural Experimental Philosophie", *Meric Casaubon and the Royal Society* (The Hague: M. Nijhoff, 1980).

Ann Blair, "Humanist Methods in Natural Philosophy: The Commonplace Book," *Journal of the History of Ideas* 53 (1992): 541-51.

——, "Tradition and Innovation in Early Modern Natural Philosophy: Jean Bodin and Jean-Cecile Frey," *Perspectives on Science* 2 (1994): 428-54.

——, *The Theater of Nature: Jean Bodin and Renaissance Science* (Princeton: Princeton University Press, 1997).

Stephen Gaukroger, ed., *The Uses of Antiquity: The Scientific Revolution and the Classical Tradition* (Dordrecht: Kluwer, 1991).

Lynn Sumida Joy, *Gassendi the Atomist: Advocate of History in an Age of Science* (Cambridge: Cambridge University Press, 1987).

Jardine, *The Birth of History and Philosophy of Science*（見頁241）.

Dear, *Discipline and Experience*（見頁268）, esp. chap. 4.

Shapin, "'A Scholar and a Gentleman'"（見頁234）.

Kaufmann, *The Mastery of Nature*（見頁260）, esp. chaps. 5–6.

4. 課題與主軸

4-1 實驗、經驗與知識流通

目前現代前期科學史的特色之一就是特別關心建構科學知識的實作，從歷史觀點來同時理解科學革命的創新與復古，而本書便是這類著作價值的堅實呈現。我本人在這方面的著作自然會強力地影響這本書的整體概念，特別是第二章與第三章。＊《利維坦與空氣泵浦：霍布斯、波以耳與實驗生活》一書是英國實驗哲學中知識製造之社會型態的廣泛研究，勾勒1660年代波以耳與霍布斯爭議的普遍意涵，並以之詮釋社會次序與智識次序間的關係。許多對廣義理論及方法論有興趣的歷史學家、哲學家以及社會學家對此書皆有所評論（且常常是非常批判的評論），例如：

Bruno Latour, *We Have Never Been Modern*, trans. Catherine Porter (Cambridge: Harvard University Press, 1993; orig. publ. 1991).

Howard Margolis, *Paradigms and Barriers: How Habits of Mind Govern Scientific Beliefs* (Chicago: University of Chicago Press, 1993), chap. 11.

参考文献

相關的論文包括：

* Steven Shapin, "Pump and Circumstance: Robert Boyle's Literary Technology," *Social Studies of Science* 14 (1984): 481-520.

* ——, "The House of Experiment in Seventeenth-Century England," *Isis* 79 (1988): 373-404.

—— , "'The Mind Is Its Own Place': Science and Solitude in Seventeenth-Century England," *Science in Context* 4 (1991): 191-218.

* —— , "'A Scholar and a Gentleman'"（見頁 234）．

—— , "Who Was Robert Hooke?" in *Robert Hooke: New Studies*（見頁 301），253-85.

晚近，我已強調「紳士」公約在現代早期科學實作者藉以建構並累積自然世界之事實知識的實作上的意義，詳見：

* Steven Shapin, *A Social History of Truth: Civility and Science in Seventeenth-Century England* (Chicago: University of Chicago Press, 1994).

我個人的研究雖然是在具有普遍詮釋意涵的架構中進行，卻集中在英國史料的討論。本書認為，過往為學界所輕忽的十七世紀英國實作，可以是探討什麼是科學革命之「創新」的關鍵。然而，在建構及確保經驗的實作方面，歷史學界已對歐陸以及（特別是）耶穌會的態度提出重要的研究。

此領域傑出的學者是的耳，其近作對於瞭解經驗概念的演變以及這些概念與數學及哲學學科領域之間的關係做出了重大的貢獻：

* *Discipline and Experience: The Mathematical Way in the Scientific Revolution*

(Chicago: University of Chicago Press, 1995).

——, "Totius in Verba"（見頁261）

*——, "Miracles, Experiments, and the Ordinary Course of Nature," *Isis* 81 (1990): 663-83（特別是關於巴斯卡的多姆山實驗）.

也可參考：

Charles B. Schmitt, "Experience and Experiment: A Comparison of Zabarella's View with Galileo's in De motu," *Studies in the Renaissance* 16 (1969): 80-137.

關於經驗的建構與報導，進一步重要的作品包括前引Lorraine J. Daston的作品（見頁261），此外尚有：

Julian Martin, *Francis Bacon, the State, and the Reform of Natural Philosophy* (Cambridge: Cambridge University Press, 1992).

Michael Aaron Dennis, "Graphic Understanding: Instruments and Interpretation in Robert Hooke's Micrographia," *Science in Context* 3 (1989): 309-64.

Peter Dear, "Narratives, Anecdotes, and Experiments: Turning Experience into Science in the Seventeenth Century," in *The Literary Structure of Scientific Argument: Historical Studies*, ed. Peter Dear (Philadelphia: University of Pennsylvania Press, 1991), 135-63.

Henry Krips, "Ideology, Rhetoric, and Boyle's New Experiments," *Science in Context* 7 (1994): 53-64.

Christian Licoppe, *La formation de la pratique scientifique: Le discours de l'experience en France et en Angleterre (1630-1820)* (Paris: Editions la Decouverte, 1996).

Daniel Garber, "Experiment, Community, and the Constitution of Nature in the Seventeenth Century," *Perspectives on Science* 3 (1995): 173-201.

參考文獻

Bibliographic Essay

關於十七世紀的實驗實作以及實驗推論，最敏銳也最詳細的研究之一是＊Simon Schaffer 對於牛頓的「關鍵」稜鏡實驗所寫的論文：

Simon Schaffer, "Glass Works: Newton's Prisms and the Uses of Experiment," in *The Uses of Experiment: Studies in the Natural Sciences*, ed. David Gooding, Trevor Pinch, and Simon Schaffer (Cambridge: Cambridge University Press, 1989), 67-104.

關於這個實驗亦可見：

＊Zev Bechler, "Newton's 1672 Optical Controversies: A Study in the Grammar of Scientific Dissent," in *The Interaction between Science and Philosophy*, ed. Yehuda Elkana (Atlantic Highlands, N.J.: Humanities Press, 1974), 115-42.

至於義大利的情況可見：

Paula Findlen, *Possessing Nature*（見頁 260）.

——, "Controlling the Experiment: Rhetoric, Court Patronage and the Experimental Method of Francesco Redi," *History of Science* 31 (1993): 35-64.

Jay Tribby, "Club Medici: Natural Experiment and the Imagineering of 'Tuscany,'" *Configurations* 2 (1994): 215-35.

這些作品都與自然史以及實驗的觀察元素相關；而 Biagioli 的 *Galileo, Courtier* 一書以及 Winkler 與 Van Helden 等人的論文對於了解義大利、北歐及其他歐陸環境的觀測天文學相當重要（見頁 242–243）。

有關十七世紀科學如何接納顯微鏡，可參考：

*Catherine Wilson, *The Invisible World: Early Modern Philosophy and the Invention of the Microscope* (Princeton: Princeton University Press, 1995).

Barbara M. Stafford, *Body Criticism: Imaging the Unseen in Enlightenment Art and Medicine* (Cambridge: MIT Press, 1991), chap. 5.

有關雷文霍克以及顯微鏡觀察實作，可見：

Clifford Dobell, *Antony van Leeuwenhoek and His "Little Animals": Being Some Account of the Father of Protozoology and Bacteriology and His Multifarious Discoveries in These Disciplines* (New York: Russell and Russell, 1958; orig. publ. 1932).

Edward G. Ruestow, *The Microscope in the Dutch Republic: The Shaping of Discovery* (Cambridge: Cambridge University Press, 1996).

L. C. Palm and H. A. M. Snelders, eds., *Antoni van Leeuwenhoek, l632-1723* (Amsterdam: Rodopi, 1982).

Paul Feyenbend 針對伽利略望遠鏡觀察的傳統描述以及如何評價這些觀察，提出一個重要且具煽動性的挑戰，可參見：

*Paul Feyenbend, *Against Method: Outline of an Anarchistic Theory of Knowledge* (London: Verso, 1978; orig. publ. 1975), chaps. 9–10.

Vasco Ronchi, "The Influence of the Early Development of Optics on Science and Philosophy," in McMullin, ed., *Galileo: Man of Science*（見頁297），195-206.

本書的前言中提到在現代早期歐洲，絕大多數的人都並未參與任何形式的組織性科學，甚至連文字形式的參與都很少，更不用說直接

参考文献

Bibliographic Essay

涉入科學革命了。即便如此，對從伽利略到牛頓等，大多數實驗哲學實作者而言，難解的科學知識與「粗俗」的常民信念間的刻意區隔仍為其根本關懷。同樣的，有關真正科學知識的在當時文化中的恰當位置也是激烈辯論的焦點，像是如何在「私人」及「祕密」、「公眾」及「公開」間求得合宜的位置。許多前述3-3及3-5小節中提及的煉金術與占星術的文獻都處理了這樣的關切；亦可見：

William Eamon, *Science and the Secrets of Nature: Books of Secrets in Medieval and Early Modern Culture* (Princeton: Princeton University Press, 1994).

J. V. Golinski, "A Noble Spectacle: Research on Phosphorus and the Public Cultures of Science in the Early Royal Society," *Isis* 80 (1989): 11-39.

Pamela O. Long, "The Openness of Knowledge: An Ideal and Its Context in Sixteenth-Century Writings on Mining and Metallurgy," *Technology and Culture* 32 (1991): 318-55.

關於現代早期，「低俗」知識及其位置（相對於專家知識）的重要研究亦可見：

Natalie Zemon Davis, *Society and Culture in Early Modern France* (Stanford: Stanford University Press, 1975), chaps. 7–8.

Carlo Ginzburg, *The Cheese and the Worms: The Cosmos of a Sixteenth-Century Miller*, trans. John and Anne C. Tedeschi (Harmondsworth: Penguin, 1982; orig. publ. 1976).

——, "The High and the Low: The Theme of Forbidden Knowledge in the Sixteenth and Seventeenth Centuries," in their *Clues, Myths, and the Historical Method*, trans. John and Anne C. Tedeschi (Baltimore: Johns Hopkins

University Press, 1989; art. orig. publ. 1976), 60-76.

＊Christopher Hill, *The World Turned Upside Down: Radical Ideas during the English Revolution* (Harmondsworth: Penguin, 1975).

Peter Burke, *Popular Culture in Early Modern Europe* (London: Temple Smith, 1978).

Pumfrey et al., eds., *Science, Culture and Popular Belief*（見頁246）.

Keith Thomas, *Religion and the Decline of Magic*.

——, *Man and the Natural World*（兩書皆見頁239）.

Michael Heyd, "The New Experimental Philosophy: A Manifestation of Enthusiasm or an Antidote to It?" *Minerva* 25 (1987): 423-40.

——, *"Be Sober and Reasonable"*: *The Critique of Enthusiasm in the Seventeenth and Early Eighteenth Centuries* (Leiden: E. J. Brill, 1995).

Shapin and Schaffer, *Leviathan and the Air-Pump*（見頁267）, chap. 7.

以及下列許多 James R. Jacob 與 Margaret C. Jacob 的作品（見頁291）。

4-2　科學、宗教、魔術與神祕學

在英國維多利亞時代（1837–1901）後期，關於「科學與宗教間戰爭」的言論非常普遍，且一般也假定這兩種文化間必會彼此衝突。然而，科學史家對此持保留態度已有一段相當長的時間。透過某種方式，無論是描述科學革命「偉大傳統」的學者，或是較近期的科學革命史學研究，都將科學與宗教之間的親密關係視為主要的研究關懷。

在1930年代後期，美國社會學家莫頓主張英國新教的分支「清教主義」提供了一個合適的環境，以供十七世紀科學建制化，可參見：

Robert K. Merton, *Science, Economy and Society in Seventeenth-Century England*

(New York: Harper, 1970; orig. publ. 1938).

這個所謂的「莫頓命題」在史學上的爭議仍持續至今，例如：

I. Bernard Cohen, ed., *Puritanism and the Rise of Modern Science: The Merton Thesis* (New Brunswick, N.J.: Rutgers University Press, 1990).

以及收錄於 Charles Webster, ed., *The Intellectual Revolution of the Seventeenth Century*（見頁255）一書中的幾篇論文。

長期以來抱持堅定「內部論」信念的歷史學家，用近似拒否馬克思主義史觀（如 Boris Hessen 於頁233）的怒氣來反駁莫頓的論點，然而我們並不清楚那些批評最激烈的歷史學家們是否真的對莫頓這本夠水準且措詞謹慎的專著的大致結構有適當的了解。關於作為社會學理論之莫頓命題的簡要描述，可見：

Steven Shapin, "Understanding the Merton Thesis," *Isis* 79 (1988): 594-605.

而以夸黑之風格來批評莫頓命題的典型歷史作品可見：

A. Rupert Hall, "Merton Revisited, or Science and Society in the Seventeenth Century," *History of Science* 2 (1963): 1-15.

關於在英國的發展，已有非常大量的歷史著作是關於十七世紀科學作為新教「女僕」的角色，特別是有關當時英國文化中的「自然神學」。例如：

Richard S. Westfall, *Science and Religion in Seventeenth-Century England* (New Haven: Yale University Press, 1958).

科學革命

The Scientific Revolution

John Dillenberger, *Protestant Thought and Natural Science: A Historical Introduction* (Notre Dame: Notre Dame University Press, 1988; orig. publ. 1960).

科學與宗教間的基礎文化關連既已為吾人接受，研究的焦點便移轉至，兩者間的關聯到底是以何種形式存在，以及對特定宗教之虔誠投入會怎樣影響科學信念的形成與評價。從英國思想中的奇蹟著手，可見：

R. M. Burns, *The Great Debate on Miracles: From Joseph Glamill to David Hume* (Lewisburg, Pa.: Bucknell University Press, 1981).

對比新教與天主教架構下對奇蹟的認定：

Peter Dear, "Miracles, Experiments, and the Ordinary Course of Nature"（見頁269）.

英國機械論哲學及精神世界：

Simon Schaffer, "Godly Men and Mechanical Philosophers: Souls and Spirits in Restoration Natural Philosophy," *Science in Context* 1 (1987): 55-85.

Shapin and Schaffer, *Leviathan and the Air-Pump*（見頁267），chaps. 5, 7.

笛卡兒思想以及英國基督教哲學家對其可疑的接受：

Alan Gabbey, "Philosophia Cartesiana Triumphata: Henry More (1646-1671)," in *Problems of Cartesianism*, ed. R. Davis et al. (Toronto: McGill-Queens University Press, 1982), 171-250.

參考文獻

Bibliographic Essay

就波以耳與牛頓，可見5-5及5-8小節中所引的許多著作；亦可見：

David Kubrin, "Newton and the Cyclical Cosmos: Providence and the Mechanical Philosophy," *Journal of the History of Ideas* 28 (1967): 325-46.

McGuire, "Boyle's Conception of Nature"（見頁252）.

Shapin, "Of Gods and Kings"（見頁251）.

Frank E. Manuel, *The Religion of Isaac Newton: The Fremantle Lectures 1973* (Oxford: Clarendon Press, 1974).

——, *Isaac Newton Historian* (Cambridge: Belknap Press of Harvard University Press, 1963).

Neal C. Gillespie, "Natural Order Natural Theology and Social Order: John Ray and the 'Newtonian Ideology,'" *Journal of the History of Biology* 20 (1987): 1-49.

就近代初期的科學與無神論，可見：

Michael Hunter, "The Problem of 'Atheism' in Early Modern England," *Transactions of the Royal Historical Society*, 5th ser., 35 (1985): 135-57.

——, "Science and Heterodoxy: An Early Modern Problem Reconsidered," in *Reappraisals of the Scientific Revolution*（見頁230），437-60.

Samuel I. Mintz, *The Hunting of Leviathan: Seventeenth-Century Reactions to the Materialism and Moral Philosophy of Thomas Hobbes* (Cambridge: Cambridge University Press, 1962).

由於十七世紀科學與宗教間關聯的建構性意涵已普遍為學界所接受，現在已少有文章（無論處理的是哪個歷史場景）會完全沒有提及這些關連。也因此，這篇書目短文中所引用的許多研究都與這些

關連相關。

關於現代早期歐洲科學—宗教間的連結包括：

Reijer Hooykaas, *Religion and the Rise of Modern Science* (Edinburgh: Scottish Academic Press, 1972).

為此連結辯護為出發點的研究可見：

Eugene M. Klaaren, *Religious Origins of Modern Science: Belief in Creation in Seventeenth-Century Thought* (Grand Rapids, Mich.: William B, Eerdmans, 1977).

Amos Funkenstein, *Theology and the Scientific Imagination from the Middle Ages to the Seventeenth Century* (Princeton: Princeton University Press, 1986); *God and Nature* 一書中的諸篇論文（見頁 241）.

John Hedley Brooke, *Science and Religion: Some Historical Perspectives* (Cambridge: Cambridge University Press, 1991), esp. chaps. 1–4.

對於自然定律的神學背景特別有興趣者，可參見：

Francis Oakley, *Omnipotence, Covenant, and Order: An Excursion in the History of Ideas from Abelard to Leibniz* (Ithaca: Cornell University Press, 1984).

Margaret Osler, *Divine Will and the Mechanical Philosophy: Gassendi and Descartes on Contingency and Necessity in the Created World* (Cambridge: Cambridge University Press, 1994).

有關天主教與新教各自對於該如何確保適當知識的想法，可見：

William B. Ashworth Jr., "Light of Reason, Light of Nature: Catholic and

Protestant Metaphors of Scientific Knowledge," *Science in Context* 3 (1989): 89-107.

關於上述這些連結，都可參考一本探討近代前期懷疑論與信仰基礎的重要研究：

* Richard H. Popkin, *The History of Scepticism from Erasmus to Spinoza*, rev. ed. (Berkeley: University of California Press, 1979; orig. publ. 1960).

羅馬教會於1663年對伽利略所進行的審判是詮釋科學與天主信仰關係的經典案例，然而即便是此案，更為細膩的歷史評論也已出現（例如下述5-1小節中將提及的 Redondi、Blackwell、Fantoli 及 Feldhay 等人的作品）。事實上，一些最優秀的現代早期科學史作品是聚焦於自然哲學及特定天主教修道會的數學研究，特別是耶穌會士。特殊的環境影響了耶穌會以及其他天主教修道會的科學研究，同時一些特別的限制也對一般生活在天主教環境中的尋常實作者有所影響。然而，除此之外，我們沒有足夠的理由、也不再有道理去說天主教會是「反科學」的，甚或是明明白白的反對「新科學」。

關於這個領域的簡明介紹，可見：

William B. Ashworth Jr., "Catholicism and Early Modern Science," in *God and Nature*（見頁241），136-66.

具代表性的耶穌會科學研究，可見：

Dear, *Discipline and Experience*（見頁268）.

——, "The Church and the New Philosophy," in *Science, Culture and Popular*

Belief（見頁246），119-39.

Lattis, *Between Copernicus and Galileo*（見頁241）.

Rivka Feldhay, "Knowledge and Salvation in Jesuit Culture," *Science in Context* 1 (1987): 195-213.

———, "Catholicism and the Emergence of Galilean Science: A Conflict between Science and Religion?" *Knowledge in Society* 7 (1988): 139-63.

Rivka Feldhay and Michael Heyd, "The Discourse of Pious Science," *Science in Context* 3 (1989): 109-42.

Steven J. Harris, "Transposing the Merton Thesis: Apostolic Spirituality and the Establishment of the Jesuit Scientific Tradition," *Science in Context* 3 (1989): 29-65.

至於英國科學界中的天主教義層面，可見：

John Henry, "Atomism and Eschatology: Catholicism and Natural Philosophy in the Interregnum," *British Journal for the History of Science* 15 (1982): 211-40.

關於猶太教對於新科學思想的反應這個有趣研究視角，可見：

David B. Ruderman, *Jewish Thought and Scientific Discovery* (New Haven: Yale University Press, 1995).

若說科學—宗教間各種連結的意義在當今史學研究中已廣為認可，一個相關連的議題至今仍引發爭論，亦即科學改革與各式魔術及神祕傳統間的建構性關連。畢竟，機械論哲學家們常常會將其新穎實作說成是泛靈論以及人類中心主義傾向的強力解藥，而這些傾向常

被視為是「文藝復興自然主義」以及「新柏拉圖學派」的特徵，甚至比古老的亞里斯多德學派更明顯。進入二十世紀後，科學革命的論者將機械論哲學視為「世界的除魅」（disenchantment of the world）的根本原因之一。然而，這種說法的合理性在晚近的研究中受到挑戰，其中部分研究已於本小節以及有關煉金術、占星術及醫學之歷史研究小節中提及。

John Henry 的概論式研究可以作為進入此一豐富文獻的起點：

John Henry, "Magic and Science in the Sixteenth and Seventeenth Centuries," in *Companion to the History of Modern Science*（見頁231），583-96.

另一本優秀的小書也可扮演此功能：

*Charles Webster, *From Paracelsus to Newton: Magic and the Making of Modern Science* (Cambridge: Cambridge University Press, 1982).

有個關於各種領域魔術傳統文獻的藏寶庫（至今仍極為有用，雖然其歷史敏感度已有些過時）：

Lynn Thorndike, *A History of Magic and Experimental Science*, 8 vols. (New York: Columbia University Press, 1923-58).

有關自文藝復興至十七世紀的魔術、神祕主義及科學，影響最為深遠的個案研究：

*J. E. McGuire and P. M. Rattansi, "Newton and the 'Pipes of Pan,'" *Notes and Records of the Royal Society of London* 21 (1966): 108-43.

Frances A. Yates, *Giordano Bruno and the Hermetic Tradition* (Chicago:

University of Chicago Press, 1964).

D. P. Walker, *Spiritual and Demonic Magic from Ficino to Campanella* (London: Warburg Institute, 1958).

科學革命中「神祕學」（occult）之特殊地位及其如何理解事物，可見：

Simon Schaffer, "Occultism and Reason," in *Philosophy, Its History and Historiography*, ed. A. J. Holland (Dordrecht: D. Reidel, 1985), 117-43.

Brian P. Copenhaver, "Natural Magic, Hermeticism, and Occultism in Early Modern Science," in *Reappraisals of the Scientific Revolution*（見頁230），261-301.

John Henry, "Occult Qualities and the Experimental Philosophy"（見頁252）.

Shapin, "Of Gods and Kings"（見頁251）.

＊Keith Hutchison 的幾篇重要論文，""What Happened to Occult Qualities in the Scientific Revolution?" *Isis* 73 (1982): 233-53.

——, "Supernaturalism and the Mechanical Philosophy," *History of Science* 21 (1983): 297-333（這篇論文提出一個極具煽動性的個案來說明，在機械論的世界觀中，重新定義神祕學以及超自然事物的迫切需要。）

關於處理魔法動物方式的轉變，有個不錯的研究：

Brian P. Copenhaver, "A Tale of Two Fishes: Magical Objects from Antiquity through the Scientific Revolution," *Journal of the History of Ideas* 52 (1991): 373-98.

在否定魔術─科學間有任何關連的研究方面，有許多夠水準的作品，

例如：

Mary Hesse, "Reasons and Evaluation in the History of Science," in *Changing Perspectives in the History of Science*, ed. Mikulas Teich and Robert M. Young (Cambridge: Cambridge University Press, 1973), 127-47.

A. Rupert Hall, "Magic, Metaphysics and Mysticism in the Scientific Revolution," in *Reason, Experiment, and Mysticism in the Scientific Revolution*, ed. M. L. Righini Bonelli and William R. Shea (New York: Science History Publications, 1975), 275-82.

Brian Vickers, *Introduction to Occult and Scientific Mentalities in the Renaissance*, ed. Brian Vickers (Cambridge: Cambridge University Press, 1984), 1-55.

針對 Frances Yates 有關哥白尼主義的觀點的評論：

Robert S. Westman, "Magical Reform and Astronomical Reform: The Yates Thesis Reconsidered," in *Hermeticism and the Scientific Revolution: Papers Read at a Clark Library Seminar, March 9, 1974*, ed. Westman and J. E. McGuire (Los Angeles: William Andrews Clark Memorial Library, 1977), 1-91.

4-3 社會形式、關連性以及科學的用途

在關於現代早期科學的各種研究中，「科學的社會面相」曾經被當成是一種特殊的（且通常是邊緣的）因素。的確，在西方社會中，「心靈的生活」與「社會中的生活」之對比自古便普遍存在。哲學家、宗教思想家，以及「科學家」持續不斷地被視為心靈生活的典型人物，也就是說，其生活是與世俗的關切無涉，與那些物品製作者、戀愛中人、戰爭頭子或政治人物有所不同。前述第二小節及本書前言中

科學革命

The Scientific Revolution

所提及的，「外在論者」與「內部論者」歷史研究法彼此間的競爭中，
一個根本的關鍵即在於，是否現代早期科學可以用一種完全無涉於
社會及經濟考量的方式得到充分的理解。然而，正如同本書結論處
所主張的，這種智識（或者自然）與社會間的對比，部分即為科學革
命的文化產物。我們需要去理解這樣的對立，因此不應該不經反省
的把它當成歷史研究的資源。科學的生產、維持及傳遞都是無可否
認的社會過程（無論「廣義社會」的特徵是否被用來詮釋科學的任何
一部分），而前述的近期研究多將「社會層面」視為科學本質的構成，
而非僅是邊緣的「因素」。

然而，在科學革命的研究中，科學的社會組織以及社會關係之研究
仍舊形成一種可辨識的獨特研究類型。這有其道理。比方說，我們
有科學學會之組成以及運作的豐富文獻，而這些學會自十七世紀起
便在各種科學活動中扮演重要角色。

關於歐洲學會的回顧可見：

James E. McClellan III, *Science Reorganized: Scientific Societies in the Eighteenth
Century* (New York: Columbia University Press, 1985), esp. chaps. 1–2.（針對
十七世紀的起始）.

這本書雖然出版已久，但是對於瞭解許多國家的情況仍很有幫助：

Martha Ornstein, *The Role of Scientific Societies in the Seventeenth Century* (Chicago:
University of Chicago Press, 1928).

關於倫敦皇家學會（可能是 1660 至 1710 年間最崇高的科學組織）有
許多經典研究，包括：

參考文獻

Bibliographic Essay

Sir Henry Lyons, *The Royal Society, 1660-1940: A History of Its Administration under Its Charters* (Cambridge: Cambridge University Press, 1944), chaps. 1–4.

Dorothy Stimson, *Scientists and Amateurs: A History of the Royal Society* (New York: Henry Schuman, 1948).

Sir Harold Hartley, ed., *The Royal Society: Its Origins and Founders* (London: Royal Society, 1960).

Margery Purver, *The Royal Society: Concept and Creation* (Cambridge: MIT Press, 1967).

以皇家學會為核心的研究包括下列文獻，前二書提供了全面的書目介紹短文：

K. Theodore Hoppen, "The Nature of the Early Royal Society," *British Journal for the History of Science* 9 (1976): 1-24, 243-73.

Michael Hunter, *Science and Society in Restoration England* (Cambridge: Cambridge University Press, 1981).

Establishing the New Science: The Experience of the Early Royal Society (Woodbridge: Boydell Press, 1989).

Science and the Shape of Orthodoxy: Intellectual Change in Late Seventeenth-Century Britain (Woodbridge: Boydell Press, 1995).

檢視皇家學會會員資格的研究：

Michael Hunter, *The Royal Society and Its Fellows, 1660-1700: The Morphology of an Early Scientific Institution*, 2d ed. (Oxford: Alden Press, 1994; orig. publ. 1982).

關於學會先輩的創始：

Mark Greenglass, Michael Leslie, and Timothy Raylor, eds., *Samuel Hartlib and Universal Reformation: Studies in intellectual Communication* (Cambridge: Cambridge University Press, 1995).

關於皇家學會特定面相科學成果之研究：

Marie Boas Hall, *Promoting Experimental Learning: Experiment and the Royal Society*, 1660-1727 (Cambridge: Cambridge University Press, 1991).

J. L. Heilbron, *Physics at the Royal Society during Newton's Presidency* (Los Angeles: William Andrews Clark Memorial Library, 1983).

Robert C. Iliffe, "'In the Warehouse': Privacy, Property and Priority in the Early Royal Society," *History of Science* 30 (1992): 29-68.

Shapin and Schaffer, *Leviathan and the Air-Pump*.

Shapin, *A Social History of Truth*（皆見頁 268）, esp. chaps. 6, 8.

有關法國的學會，特別是身為巴黎科學學會（Paris Academy of Sciences）前身的 Montmor Academy，可參考：

Harcourt Brown, *Scientific Organizations in Seventeenth Century France (1620-1680)* (New York: Russell and Russell, 1967; orig. publ. 1934).

關於巴黎學會本身，可見：

Roger Hahn, *The Anatomy of a Scientific Institution: The Paris Academy of Sciences, 1666-1803* (Berkeley: University of California Press, 1971).

Claire Salomon-Bayet, *L'institution de la science et l'experience du vivant: Methode et experience a l'Academic royale des sciences, 1666-1793* (Paris: Flammarion, 1978).

Alice Stroup, *A Company of Scientists: Botany, Patronage, and Community at the Seventeenth-Century Parisian Royal Academy of Sciences* (Berkeley: University of California Press, 1990).

研究法國地區科學學會的代表著作可見：

David S. Lux, *Patronage and Royal Science in Seventeenth-Century France: The Academie de Physique in Caen* (Ithaca: Cornell University Press, 1989).

法國各地地區學會的調查，可見：

Daniel Roche, *Le siecle des lumieres en province: Academies et academiciens provinciaux, 1680-1789*, 2 vols. (Paris: Mouton, 1978).

有關組織上的創新如何影響科學資訊的流通，可見：

Howard M. Solomon, *Public Welfare, Science and Propaganda in Seventeenth-Century France: The Innovations of Theophraste Renaudot* (Princeton: Princeton University Press, 1972).

關於弗羅倫斯實驗主義者團體的重要研究：

W. E. Knowles Middleton, *The Experimenters: A Study of the Accademia del Cimento* (Baltimore: Johns Hopkins University Press, 1971).

有關弗羅倫斯、羅馬以及其他義大利各地科學之社會組織，可從下

列作者的著作中尋得許多材料：

Biagioli, *Galileo, Courtier*（見頁 243）.

Findlen, *Possessing Nature*.

Tribby, "Body/Building"（皆見頁 260）.

——, "Club Medici"（見頁 270）.

W. E. Knowles Middleton, "Science in Rome, 1675-1700, and the Accademia Fisicomathematica of Giovanni Giustino Ciampiani," *British Journal for the History of Science* 8 (1975): 138-54.

關於愛爾蘭的情況，可見：

K. Theodore Hoppen, *The Common Scientist in the Eighteenth Century: A Study of the Dublin Philosophical Society, 1683-1708* (London: Routledge and Kegan Paul, 1970).

關於歐洲科學學會的研究多集中在英國、法國及義大利，其他地區的相關研究並不多見，但是有用的資料可以從下面這本論文集裡頭諸位作者的文章中尋得：

Porter and Teich, eds., *The Scientific Revolution in National Context*（見頁 230）.

至於在歐洲，自十七世紀後期至十八世紀中葉，人文研究的組織以及社會形式（其中部分與自然科學重疊），可見：

Anne Goidgar, *Impolite Learning: Conduct and Community in the Republic of Letters, 1680-1750* (New Haven: Yale University Press, 1995).

關於孕育科學知識生產的廣義社會形式（不必然與正式的組織相關），可見：

Owen Hannaway, "Laboratory Design and the Aim of Science: Andreas Libavius versus Tycho Brahe," *Isis* 77 (1986): 585-610.

Mario Biagioli, "Scientific Revolution, Social Bricolage, and Etiquette," in *The Scientific Revolution in National Context*（見頁230），11-54.

還有前面於3-7及4-1小節中提及的的耳、Findlen、謝平以及 Tribby 等人的著作。

在晚近科學革命之歷史研究中，科學贊助形式的詳細考察是一個值得注意的特色。關於哥白尼以及伽利略天文學研究的資助，其代表性著作已於前述第3節中提到，包括 Biagioli 的重要作品 *Galileo, Courtier*，Westfall 的 "Science and Patronage" 以及 Westman 的 "Proof, Poetics, and Patronage"。

有關化學家在德國受到的贊助，可見：

Smith, *The Business of Alchemy*（見頁249）, chap. 2.

至於英國王權復興時代（Restoration England）對於數學的資助，可參見：

Willmoth, *Sir Jonas Moore*（見頁246）.

同一時期虎克及其資助者的關係，參見：

Hunter, *Establishing the New Science*（見頁284），chap. 9.

關於贊助與實驗生命科學在義大利的情況，可見：
Paula Findlen, "Controlling the Experiment"（見頁270）.

關於西班牙的宮廷資助，可見：
David Goodman, "Philip II's Patronage of Science and Engineering," *British Journal for the History of Science* 16 (1983): 49-66.

關於植物學研究在法國得到的資助，可見：
Stroup, *A Company of Scientists*（見頁286）.

關於科學贊助的優秀論文集，特別是 Earnon、Findlen、Moran 以及 Smith 等人的論文：
Bruce T. Moran, ed., *Patronage and Institutions: Science, Technology, and Medicine at the European Court, 1500-1750* (Woodbridge: Boydell Press, 1991).

第2節中曾論及，現代早期科學的馬克思史觀所引發的爭議，其核心問題在於科學與技術（或一般而言的經濟）之間的關係。早期馬克斯主義的作品的主要傾向，是去指出科學議題、發展機制及（有時候）概念內涵間的重要因果關連，而這種主張也是莫頓命題中的主要特徵（見頁273）。相對於此，「內部論者」（特別是那些受到夸黑啟發的人）強力的否認經濟考量會對科學發展的結果有任何這類的影響。有關經濟對於科學成長的影響，經典的馬克思主義主張包括：

Hessen, "Social and Economic Roots of Newton's 'Principia'".

Zilsel , "The Sociological Roots of Science"（見頁 233）.

有系統地自內部論者角度所做的反論則有：

A. Rupert Hall, *Ballistics in the Seventeenth Century* (Cambridge: Cambridge University Press, 1952).

——, "The Scholar and the Craftsman in the Scientific Revolution"（見頁 234）.

一直到 1960 年代為止，在這些議題的爭論上仍可看見清楚的意識型態責任，而這些責任如今大多已消退。晚近的研究多傾向採取一種更為彈性、實際以及詮釋上異質的態度來面對現代早期科學與技術間的關係。

例如（在許多的例子中），Marie Boas Hall、A. Rupert Hall、Richard S. Westfall 以及 David W. Waters 在 *The Uses of Science in the Age of Newton*, ed. John G. Burke (Berkeley: University of California Press, 1983) 這本論文集中的論文，大抵都採取一種懷疑論的立場。

可讀性高，並肯定科學—技術間關連的著作：

＊Paolo Rossi, *Philosophy, Technology, and the Arts in the Early Modern Era*, trans. Salvator Attanasio, ed. Benjamin Nelson (New York: Harper and Row, 1970; orig. publ. 1962).

關於科學—技術間肯定關連的細緻陳述，其內容多聚焦於實用主義之意圖、態度以及合法化的過程，而非具體的結果：

Larry Stewart, *The Rise of Public Science: Rhetoric, Technology, and Natural Philosophy in Newtonian Britain, 1660-1750* (Cambridge: Cambridge University Press, 1992).

關於流體力學發展與義大利水資源管理實際問題間關係的精采研究：
Cesare S, Maffioli, *Out of Galileo: The Science of Waters, 1628-1718* (Rotterdam: Erasmus, 1994). esp. pt. III–IV.

當今現代早期科學史研究中最引發爭論的研究類型，或許就是關於科學的道德、政治以及社會功能。雖然科學、宗教與道德間是彼此相互建構的基本陳述已廣為接受（見頁273–282），一些歷史學家已經提出相當獨特的主張，認為科學之運用在支持以及破壞社會及政治秩序上扮演一定角色，並進一步宣稱要理解各種現代早期科學的真正形式、內容以及實作類型，就必須察覺這一類科學的脈絡性社會運用。

在這個進展快速的領域中，一個特別著重在英國情境、但如今已有點過時回顧文章可見：

Steven Shapin, "Social Uses of Science," in *The Ferment of Knowledge*, ed. Rousseau and Porter（見頁236），93-139.

自1970年代初期起，這個研究類型的傑出學者便是 James R. Jacob 以及 Margaret C. Jacob。他／她們的作品大多處理在十七及十八世紀初期英國社會中，自然知識之運用如何成為政治正當性的一種資源：

＊James R. Jacob, *Robert Boyle and the English Revolution: A Study in Social and*

Intellectual Change (New York: Burt Franklin, 1977).

——, "Boyle's Atomism and the Restoration Assault on Pagan Naturalism," *Social Studies of Science* 8 (1978): 211-33.

——, "Restoration Ideologies and the Royal Society," *History of Science* 18 (1980): 25-38.

——, *Henry Stubbe*（見頁257）.

——, "The Political Economy of Science in Seventeenth-Century England," in *The Politics of Western Science, 1640-1990*, ed. Margaret C. Jacob (Atlantic Highlands, N.J.: Humanities Press, 1994), 19-46.

*James R. Jacob and Margaret C. Jacob, "The Anglican Origins of Modern Science: The Metaphysical Foundations of the Whig Constitution," *Isis* 71 (1980): 251-67.

*Margaret C. Jacob, *The Newtonians and the English Revolution, 1689-1720* (Ithaca: Cornell University Press, 1976).

——, *The Radical Enlightenment: Pantheists, Freemasons, and Republicans* (London: George Alien and Unwin, 1981).

以及她針對英國及歐陸發展的綜合性考察：

The Cultural Meaning of the Scientific Revolution (New York: McGraw-Hill, 1988).

在這方面影響 James R. Jacob 以及 Margaret C. Jacob 作品的重要先行研究者包括：

Kubrins, "Newton and the Cyclical Cosmos"（見頁276）（亦可見同作者，

"Newton's Inside Out! Magic, Class Struggle, and the Rise of Mechanism in the West," in *The Analytic Spirit: Essays in the History of Science in Honor of Henry Guerlac*, ed. Harry Woolf [Ithaca: Cornell University Press, 1981], 96-121).

被忽略的經典研究：

*Rudolph W. Meyer, *Leibnitz and the Seventeenth-Century Revolution*, trans. J. P. Stern (Chicago: Henry Regnery, 1952; orig. publ. 1948).

還有第2節中提到的馬克思主義學者的作品。

針對 James R. Jacob 以及 Margaret C. Jacob 的著作，「內部論者」歷史學家已就其歷史證據部分提出強烈的批評，而對於今日具社會學傾向的歷史學者來說也稍嫌薄弱；一方面是因為他／她們的研究太重視個人的動機，並對這些動機進行薄弱的推論，另一方面他／她們顯然無法將科學的社會運用與特定的科學概念以及實際上的知識生產加以連結。然而，對科學革命的研究來說，他／她們曾提出創新的概念並鼓舞新的歷史觀。許多4-1小節中提及的晚近研究都曾從他／她們的作品中得到一些啟發。

4-4　科學的儀器

在十七世紀科學與技術的建構性關係的研究中，有一種特殊種類的關係從未受到「偉大傳統」歷史研究法的挑戰，且事實上已於晚近成為詳細歷史研究考察的課題，即用以製造科學知識的、精心設計

的儀器。部分關於顯微鏡、望遠鏡、氣壓計以及數學儀器的研究已於前述3-3、3-4以及4-1小節中提及。

關於儀器及知識型態間關連的極佳回顧之作：

Bennett, "The Mechanics' Philosophy and the Mechanical Philosophy"（見頁235）.

有關科學儀器的歷史文獻數量龐大，然而幾個可入手處包括：

Derek J. de Solla Price, "The Manufacture of Scientific Instruments from c. 1500 to c. 1700," in *A History of Technology*, ed. Charles Singer et al. (London: Oxford University Press, 1957), 3:620-47.

——, "Philosophical Mechanism and Mechanical Philosophy: Some Notes towards a Philosophy of Scientific Instruments," *Annali dell' Istituto e Museo di Storia delta Scienza di Firenze* 5 (1980): 75-85.

Albert Van Helden, "The Birth of the Modern Scientific Instrument, 1550-1700," in *The Uses of Science in the Age of Newton*, ed. Burke（見頁290），49-84;3

W. D. Hackmann, "Scientific Instruments: Models of Brass and Aids to Discovery," and J. A. Bennett, "A Viol of Water or a Wedge of Glass," both in *The Uses of Experiment*, ed. Gooding, Pinch, and Schaffer（見頁270），31-65 and 105-14.

W. E. Knowles Middleton, *A History of the Thermometer and Its Uses in Meteorology* (Baltimore: Johns Hopkins University Press, 1966).

Albert Van Helden, *The Invention of the Telescope*, Transactions of the American Philosophical Society 67 (4) (Philadelphia: American Philosophical Society, 1977).

將部分晚近的近代前期科學史研究與科學知識社會學研究取向加以
連結的一個顯著特徵，是對於科學儀器所製造的知識之問題性的重
視。謝平與夏佛的《利維坦與空氣泵浦》（見頁267）一書中涵括了
許多空氣泵浦實驗中難以操作以及複製的描述；而謝平的《真理的
社會史》（*A Social History of Truth*，見頁268），第六及第八章，則強調
在報導以儀器為媒介的觀察時以及在實驗室工作時，所會面對的技
術及智識上的問題；亦可見：

Schaffer, "Glass Works".

Dennis, "Graphic Understanding".

Wilson, *The Invisible World*.

Feyerabend 在 *Against Method* 一書中關於接受伽利略望遠鏡觀察之難處的描
述（皆見前述4-1小節）。

Ruestow, *The Microscope in the Dutch Republic*（見頁271）.

Ian Hacking, *Representing and Intervening: Introductory Topics in the Philosophy of
Natural Science* (Cambridge: Cambridge University Press, 1983), chap. 2.（關
於顯微鏡）；中譯書名《科學哲學與實驗》。

這些作品也關心哪些現象經由科學儀器操作而可見、這些現象如何
傳遞，以及這些現象如何取信於他人，這三者間的有趣關係。也正
是這些關連讓視覺呈現以及（更廣泛地說）印刷技術成為近來理解
近代前期科學的關鍵。

關於印刷與科學，開創性的研究有：

Elizabeth Eisenstein, *The Printing Press as an Agent of Change: Communications
and Cultural Transformations in Early-Modern Europe*, 2 vols. (New York:

Cambridge University Press, 1979).

Natalie Zemon Davis, *Society and Culture*（見頁272）, chap. 7.

Adrian Johns, *The Nature of the Book: Knowledge and Print in Early Modern England* (Chicago: University of Chicago Press, 1998).

Henry E. Lowood and Robin E. Rider, "Literary Technology and Typographic Culture: The Instrument of Print in Early Modern Culture," *Perspectives on Science* 2 (1994): 1-37; Eamon, *Science and the Secrets of Nature*（見頁272）, esp. pt. II.

Paolo Rossi, "Science, Culture and the Dissemination of Knowledge," 以及 Luce Giard, "Remapping Knowledge, Reshaping Institutions," 皆收錄於 *Science, Culture and Popular Belief*（見頁246），分別在頁 143-75 及 19-47（特別是頁 25-32）。

關於新型態的視覺呈現，可見：

Winkler and Van Helden, "Johannes Hevelius and the Visual Language of Astronomy"（見頁242）.

關於藝術及科學中現實主義呈現的慣例，可見：

Svetlana Alpers, *The Art of Describing: Dutch Art in the Seventeenth Century* (Harmondsworth: Penguin, 1989; orig. publ. 1983).

有關雕版印刷的慣例，可見：

William M. Ivins Jr., *Prints and Visual Communication* (Cambridge: MIT Press, 1969).

至於人體解剖中的藝術慣例與呈現，可見：

Glenn Harcourt, "Andreas Vesalius and the Anatomy of Antique Sculpture," *Representations* 17 (1987): 28-61.

5. 個人及其事業

關於個別科學從業者及其事業的貢獻，許多相關的研究已於前面章節中提及。（在此，不可或缺的人名辭典資料是 *The Dictionary of Scientific Biography*, ed. Charles Coulston Gillispie, 18 vols. [New York: Scribner, 1970-90]。）此處僅列出幾位在本書及其他科學革命著作中所論及之主要人物的進一步參考著作，並集中在這些人物的傳記（或智識傳記）亦或者個人生涯發展。

5-1　伽利略（Galileo Galilei）

Ludovico Geymonat, *Galileo Galilei: A Biography and Inquiry into His Philosophy of Science*, trans. Stillman Drake (New York: McGraw-Hill, 1965; orig. publ. 1957).

Ernan McMullin, ed., *Galileo: Man of Science* (New York: Basic Books, 1967); William R. Shea, *Galileo's Intellectual Revolution* (London: Macmillan, 1972); Stillman Drake, *Galileo Studies: Personality, Tradition, and Revolution* (Ann Arbor: University of Michigan Press, 1970).

——, *Galileo at Work: His Scientific Biography* (Chicago: University of Chicago Press, i978).

William A. Wallace, *Galileo and His Sources: The Heritage of the Collegio Romano in Galileo's Science* (Princeton: Princeton University Press, 1984).

———, *Galileo's Logic of Discovery and Proof* (Dordrecht: Kluwer, 1992).

Pietro Redondi, *Galileo Heretic*, trans. Raymond Rosenthal (Princeton: Princeton University Press, 1987; orig. publ. 1983).

Richard J. Blackwell, *Galileo, Bellarmine, and the Bible* (Notre Dame: Notre Dame University Press, 1991).

Joseph C. Pitt, *Galileo, Human Knowledge, and the Book of Nature: Method Replaces Metaphysics* (Dordrecht: Kluwer, 1992).

Annibale Fantoli, *Galileo: For Copernicanism and for the Church*, trans. George V. Coyne (Vatican City: Vatican Observatory, 1994).

Rivka Feldhay, *Galileo and the Church: Political Inquisition or Critical Dialogue?* (Cambridge: Cambridge University Press, 1995).

5-2　培根（Francis Bacon）

Benjamin Farrington, *Francis Bacon, Philosopher of Industrial Science* (New York: Henry Schurnan, 1949).

———, *The Philosophy of Francis Bacon* (Chicago: University of Chicago Press, 1964).

Paolo Rossi, *Francis Bacon: From Magic to Science*, trans. Sacha Rabinovitch (Chicago: University of Chicago Press, 1968).

Lisa Jardine, *Francis Bacon: Discovery and the Art of Discourse* (New York: Cambridge University Press, 1974).

Peter Urbach, *Francis Bacon's Philosophy of Science: An Account and a Reappraisal* (La Salle, Ill.: Open Court, 1987).

Antonio Perez-Ramos, *Francis Bacon's Idea of Science and the Maker's Knowledge Tradition* (Oxford: Clarendon Press, 1988).

Julian Martin, *Francis Bacon*（見頁 269）.

Robert K. Faulkner, *Francis Bacon and the Project of Progress* (Lanham, Md.: Rowman and Littlefield, 1993).

B. H. G. Wormald, *Francis Bacon: History, Politics, and Science, 1561-1626* (Cambridge: Cambridge University Press, 1993).

John E. Leary Jr., *Francis Bacon and the Politics of Science* (Ames: Iowa State University Press, 1994).

Markku Peltonen, ed., *The Cambridge Companion to Bacon* (Cambridge: Cambridge University Press, 1996).

5-3 霍布斯（Thomas Hobbes）

Frithiof Brandt, *Thomas Hobbes' Mechanical Conception of Nature* (Copenhagen: Levin and Munksgaard, 1928).

Arnold A. Rogow, *Thomas Hobbes: Radical in the Service of Reaction* (New York: W. W. Norton, 1986).

Tom Sorell, ed., *The Cambridge Companion to Hobbes* (Cambridge: Cambridge University Press, 1996).

5-4 笛卡兒（René Descartes）

Stephen Gaukroger, ed., *Descartes: Philosophy, Mathematics and Physics* (Brighton: Harvester Press, 1980).

Marjorie Grene, *Descartes* (Minneapolis: University of Minnesota Press, 1985).

———, *Descartes among the Scholastics* (Milwaukee: Marquette University Press, 1991).

William R. Shea, *The Magic of Numbers and Motion: The Scientific Career of René Descartes* (Canton, Mass.: Science History Publications, 1991).

Daniel Garber, *Descartes' Metaphysical Physics* (Chicago: University of Chicago Press, 1992).

John Cottingham, ed., *The Cambridge Companion to Descartes* (Cambridge: Cambridge University Press, 1992).

Stephen Voss, ed., *Essays on the Philosophy and Science of René Descartes*（見頁 232）.

*Stephen Gaukroger, *Descartes: An Intellectual Biography* (Oxford: Oxford University Press, 1995).

Roger Ariew and Marjorie Grene, eds., *Descartes and His Contemporaries: Meditations, Objections, and Replies* (Chicago: University of Chicago Press, 1995).

5-5 波以耳（Robert Boyle）

Louis Trenchard More, *The Life and Works of the Honourable Robert Boyle* (London: Oxford University Press, 1944).

R. E. W. Maddison, *The Life of the Honourable Robert Boyle F.R.S.* (London: Taylor and Francis, 1969).

James Jacob, *Robert Boyle*（見頁 292）.

Jonathan Harwood, ed., *The Early Essays and Ethics of Robert Boyle* (Carbondale: Southern Illinois University Press, 1991).

Steven Shapin, "Personal Change and Intellectual Biography: The Case of Robert Boyle," *British Journal for the History of Science* 26 (1993): 335-45.

Michael Hunter, ed., *Robert Boyle Reconsidered* (Cambridge: Cambridge University Press, 1994).

Rose-Mary Sargent, *The Diffident Naturalist: Robert Boyle and the Philosophy of Experiment* (Chicago: University of Chicago Press, 1995).

5-6　虎克（Robert Hooke）

Margaret 'Espinasse, *Robert Hooke* (London: Heinemann, 1956).

F. F. Centore, *Robert Hooke's Contributions to Mechanics: A Study in Seventeenth Century Natural Philosophy* (The Hague: M. Nijhoff, 1970).

J. A. Bennett, "Robert Hooke as Mechanic and Natural Philosopher," *Notes and Records of the Royal Society* 35 (1980): 33-48.

Michael Hunter and Simon Schaffer, eds., *Robert Hooke: New Studies* (Woodbridge: Boydell Press, 1989).

Stephen Pumfrey, "Ideas above His Station: A Social Study of Hooke's Curatorship of Experiments," *History of Science* 29 (1991): 1-44.

Robert Iliffe, "Material Doubts: Hooke, Artisan Culture and the Exchange of Information in 1670s London," *British Journal for the History of Science* 28 (1995): 285-318.

5-7　惠更斯（Christiaan Huygens）

Arthur Bell, *Christian Huygens and the Development of Science in the Seventeenth Century* (New York: Longmans Green, 1947).

H. J. M. Bos, M. J. S. Rudwick, H. A. M. Snelders, and R. P, W. Visser, eds., *Studies on Christiaan Huygens* (Lisse: Swets and Zeitlinger, 1980).

Aant Elzinga, *On a Research Program in Early Modern Physics, with Special Reference to the Work of Ch[ristiaan] Huygens* (Goteborg: Akademiforlaget, 1972).

Joella G. Yoder, *Unrolling Time: Christiaan Huygens and the Mathematization of Nature* (Cambridge: Cambridge University Press, 1988).

5-8 牛頓（Isaac Newton）

Louis Trenchard More, *Isaac Newton: A Biography* (New York: Charles Scribner's, 1934).

Frank E. Manuel, *A Portrait of Isaac Newton* (Cambridge: Belknap Press of Harvard University Press, 1968).

Richard S. Westfall, *Never at Rest: A Biography of Isaac Newton* (Cambridge: Cambridge University Press, 1980). 以及此書的簡要版：*The Life of Isaac Newton* (Cambridge: Cambridge University Press [Canto edition], 1994).

Gale E. Christianson, *In the Presence of the Creator: Isaac Newton and His Times* (New York: Free Press, 1984).

John Fauvel, Raymond Flood, Michael Shortland, and Robin Wilson, eds., *Let Newton Be!* (Oxford: Oxford University Press, 1988).

A. Rupert Hall, *Isaac Newton, Adventurer in Thought* (Oxford: Basil Blackwell, 1992)；中譯書名《牛頓：思想的探險者》。

左岸科學人文　249

科學革命
他們知道了什麼、怎麼知道的，他們用知識做什麼
The Scientific Revolution

作　　者　史蒂文‧謝平（Steven Shapin）
譯　　者　林巧玲、許宏彬
總 編 輯　黃秀如
責任編輯　孫德齡
封面設計　廖　韡

社　　長　郭重興
發行人暨　曾大福
出版總監
出　　版　左岸文化／遠足文化事業股份有限公司
發　　行　遠足文化事業股份有限公司
　　　　　231新北市新店區民權路108-2號9樓
電　　話　（02）2218-1417
傳　　真　（02）2218-8057
客服專線　0800-221-029
E - M a i l　rivegauche2002@gmail.com
左岸臉書　facebook.com/RiveGauchePublishingHouse
法律顧問　華洋法律事務所　蘇文生律師
印　　刷　成陽印刷股份有限公司
二版一刷　2016年12月
二版二刷　2021年6月
定　　價　320元
I S B N　978-986-5727-38-3
有著作權　翻印必究（缺頁或破損請寄回更換）
本書僅代表作者言論，不代表本社立場

科學革命／史蒂文‧謝平（Steven Shapin）著；
林巧玲、許宏彬譯.
－初版. －新北市；
左岸文化出版；遠足文化發行；2016.12
　面；14.8 × 21公分. －（左岸科學人文；249）
譯自：The scientific revolution
ISBN 978-986-5727-38-3（平裝）
1.科學 2.歷史
309　　　　　　　　　　　105008460

The Scientific Revolution by Steven Shapin
© 1996 by The University of Chicago. All rights reserved.
Complex Chinese edition copyright:
2016 Rive Gauche Publishing House
All rights reserved